U0158988

遺伝子のスイッチ

基因开关

[日]**生田哲** —— 著

[日]吉田修诚 / 吉田理华 —— 译

陈旭 —— 校译

中国出版集团

中译出版社

图书在版编目（CIP）数据

基因开关 / (日) 生田哲著；(日) 吉田修诚，(日)
吉田理华译 . -- 北京：中译出版社，2022.6
　　ISBN 978-7-5001-7095-2

Ⅰ . ①基… Ⅱ . ①生… ②吉… ③吉… Ⅲ . ①表观遗
传学—普及读物 Ⅳ . ① Q3-49

中国版本图书馆 CIP 数据核字（2022）第 087763 号

IDENSHI NO SWITCH by Satoshi Ikuta
Copyright © 2021 Satoshi Ikuta
All rights reserved.
Original Japanese edition published by TOYO KEIZAI INC.

Simplified Chinese translation copyright © 2022 by China Translation & Publishing House
This Simplified Chinese edition published by arrangement with TOYO KEIZAI INC., Tokyo,
through East West Culture & Media Co., Ltd., Tokyo.
著作合同登记号：图字 01-2022-2032

基因开关
JIYIN KAIGUAN

出版发行 / 中译出版社
地　　址 / 北京市西城区新街口外大街 28 号普天德胜科技园主楼 4 层
电　　话 /（010）68005858，68358224（编辑部）
传　　真 /（010）68357870
邮　　编 / 100088
电子邮箱 / book@ctph.com.cn
网　　址 / http://www.ctph.com.cn

策划编辑 / 范　伟	责任编辑 / 费可心　范　伟
营销编辑 / 曾　顿　陈倩楠	版权支持 / 马燕琦　王立萌
校　　译 / 陈　旭	封面设计 / 仙境设计
排　　版 / 聚贤阁	
印　　刷 / 北京中科印刷有限公司	
经　　销 / 新华书店	

规　　格 / 880 毫米 × 1230 毫米　1/32
印　　张 / 6.625
字　　数 / 107 千字
版　　次 / 2022 年 6 月第 1 版
印　　次 / 2022 年 6 月第 1 次
ISBN 978-7-5001-7095-2　　　　　定价：58.00 元

推荐序

　　拥有一个健康的宝宝，希望他/她能够平安健康地成长，并且一生康健，是所有孕期中准妈妈们的愿望！除了我们的遗传基因DNA不可改变，我们的营养状态、生活方式、环境变化也能够影响胎儿的发育、孩子的成长、甚至他们成人期疾病的发生。"多哈"（OHaD）理论，即"健康与疾病的发育起源"学说提出：人类成年期部分慢性疾病的发生，如肥胖、高血压、2型糖尿病、心血管疾病等代谢综合征和青春期行为问题、精神疾患、多囊卵巢综合征等问题，与胎儿时期宫内营养发育状况有关。即在不改变遗传基因DNA的前提下，通过对DNA或组蛋白进行"修饰"就可以引起这些变化，称为表观遗传。"修饰"的作用是让特定的基因进行表达为"开启或关闭"，"修饰"

就是基因开关。如果将 DNA 比作是合成蛋白质的硬件部分，那么"表观基因组"就相当于是软件部分。

"生命早期 1000 天"包括从怀孕到新生儿出生的 270 天＋婴幼儿出生后第 1 年的 365 天＋出生后第 2 年的 365 天，WHO 提出改善生命早期营养对改善人口素质、促进全球健康发展意义重大。

《基因开关》这本书，使我们明白了很多道理。即使我们不能改变遗传基因，但是我们仍然可以通过培养良好的生活习惯，改变表观遗传带来的影响。这不仅是为了我们自己，更是为了后代的健康发展。现在将这本书推荐给大家！

丁 新

2022 年 6 月 12 日

丁新，女，55 岁，首都医科大学附属北京妇产医院产三科副主任，主任医师、硕士研究生。从事妇产科及围产医学工作 33 年，擅长各种疑难病症的诊治，组织多次产科危急重症的抢救，如严重产后出血、失血性休克、凶险性前置胎盘、羊水栓塞、妊娠合并巨大子宫肌瘤、卵巢肿瘤、子宫破裂等。于 2011-2012 年在新疆和田地区洛浦县人民医院援疆两年，荣获"北京市对口支援工作先进个人""第七届首都民族团结进步先进个人""新疆自治区第七批省市优秀援疆干部人才"等称号。发表核心期刊数十篇，出版专著三部。

前　言

我们的思维模式和行为方式真的完全取决于基因吗？气质、性取向、患病率、心理健康和是否容易焦虑以及有无某些天赋……这些都来自父母的基因遗传吗？

如今人们普遍认为，人生命运、个人能力、选择的生活方式和思维模式等都是受遗传基因所左右，很多人认为只要做有关基因类的检测就能洞悉基因与身体各项指标等的关系。而关于基因的话题也被诸多电视、报纸杂志，以及一些网络平台争相报道。但这种认识其实并不完全正确。基因只有在与环境产生联系时才能发挥作用，所以说人们高估了基因的作用。

在此我们首先以同卵双胞胎为例。同卵双胞胎，英语中直译为"完全相同的双生子（Identical Twins）"，但是准确地说两个人并非"完全相同"。同卵双胞胎指由同一卵细胞分化并分别受精，同时孕育于同一母体的子宫内的双生子。两个人的先天环境虽然相同，但后天环境仍有差异，所以即便是同卵双胞胎，也有可能其中一人当上教师，过着充实的生活，而另一个人则可能因为药物依赖而终日萎靡不振。即使两个人拥有相同的基因，但是也不会拥有同样的人生，甚至可以说是完全不同。基因的作用，会因两人饮食、运动、兴趣爱好等生活习惯的不同，以及阅读兴趣、交往人群等方面的差异而产生巨大的变化。并且在最近的研究中，科学家还明确地发现了能改变基因作用的机制，即存在着让基因发挥作用或不让基因发挥作用的"开关"。

围绕这个"开关"开展的研究被称为"表观遗传学"。如今这门学问正处于飞速发展阶段，这也是本书研究的重点。这个"开关"的独特之处在于，它并不会根据环境的变化改变 DNA 序列（也称为"变异"），仅是改变基因的作用方式。具体地讲，即遗传基因会根据 DNA 是否被修饰，从而迅速开启或关闭这个"开关"。

为什么人类的基因没有"选择"变异，而是"选择"

了修饰呢？人类要想世世代代地生存下去，就必须去适应不断变化的环境。首先能考虑到的办法是 DNA 的变异，但是这个过程往往需要经过数千年的时间。如此漫长的等待，恐怕人类就要灭绝了。正因如此，人类的基因才选择了远比变异更迅速的方式——利用基因修饰来改变遗传基因的作用方式。

患有药物依赖症和食物依赖症的人，并非全因患者个人的意志薄弱所导致，而是与他年幼时的成长逆境有关，年幼的成长环境可能是他日后患上生活习惯病的诱因。孩子性格的形成也取决于母亲对孩子的养育方式。本书将以表观遗传学为依据对此类问题加以阐述。

第一章，讲述即便是一对同卵双胞胎也会拥有不同人生，以及在母体缺乏营养的情况下出生的婴儿，成年后更易患心脏病、糖尿病和精神类疾病的原因。

第二章，将针对 DNA、遗传基因和蛋白质的相互关系，及对人类基因组的研究等进行解说。

第三章，针对在细胞上的基因开关开启和关闭状态做说明，即组蛋白修饰和 DNA 甲基化。

第四章，以表观遗传学为依据，解释为什么药物依赖症患者常难以自制，以及为什么过贪食症患者难以自控。

第五章，讲述压力过大以及幼年时期有被虐待经历可能成为日后诱发抑郁症的导火线；同时解释为什么服用抗抑郁药物的几小时后，脑内血清素会增多，但药物开始生效却还需要几个星期的时间。

第六章，讲述母亲对孩子的养育方式，将会对孩子的大脑带来极大的影响。对孩子的虐待会成为阻碍孩子大脑发育的"毒性压力"，相反在母爱呵护下成长的孩子则更健康长寿。

希望你能通过本书去了解这门正在迅猛发展的新兴学科，了解它的研究成果，并将它们运用到你的生活以及养育孩子的过程中，从而让今后的人生变得更有意义。

借此机会，请允许我向策划本书出版并给予良多建议的东洋经济新报社出版局的黑坂浩一先生，表达真挚的感谢。

生田哲

2021 年 2 月

目　录

第四章　从药物依赖症和食物依赖症的角度探讨表观遗传

第
五
章

表观遗传与抑郁症

第六章　母亲的养育方式会影响孩子的大脑发育

第一章

仅用 DNA 序列并不能诠释人生

同卵双胞胎的不同人生

33 岁的健太，在高中任地理教师，每天的生活都很充实。但是他的同卵双胞胎兄弟健二却因为患上了药物依赖症，终日萎靡不振，生活苦不堪言。他们俩从小生长在日本的横滨近郊，直到高中为止兄弟两人的成绩都非常优秀且都是善于长跑的运动健将，在班里也都能与同学们友好地相处，保持良好的关系。

最初兄弟俩只是偶尔抽点儿烟，喝点儿啤酒，但上了大学后两人先开始吸食大麻，后又开始接触亚硝酸盐（Nitrite）和麻黄（Ephedra）等日本违禁药物。而正是这些行为最终使健二偏离了正确的人生轨道。

在刚进入大学的时候，健二过着和一般大学生一样的正常生活。在学校能够按时出勤上课，也能友善地结交朋友，但是随着对药物和毒品的依赖，健二的生活也逐渐被搅乱了。最终他无奈放弃了大学的学业，仅在快餐店和居酒屋打零工，做一些单纯的体力劳动，换取薪酬，维持生活。

可即便这样，每一份工作仍然持续不了两个月以上，不是上班迟到或无故旷工，就是频繁地与顾客或同事发生争吵，这些都成了他被解雇的理由。而他的行为也越来越离经叛道，甚至开始使用暴力解决问题；并且为了满足自己玩摩托车的欲望而开始频繁盗窃，终因屡教不改被警察逮捕。

司法机构委托了精神科医生对健二进行了精神方面的检查，以及为他找了医疗机构开始戒毒治疗。但是经过几次治疗，始终没能成功戒毒。那时他已经30岁了，成了一名无业流浪者，只能用废纸箱当作地铺睡在车站。而他的家人也无奈地对他放弃了管教，最终，他沦落成了毒品的奴隶，一名药物依赖症患者。

健二自从患了药物依赖症后便彻底迷失了人生方向，

这背后的原因到底是什么呢？而与他有着完全相同基因（即脱氧核糖核酸，传送遗传指令的物质。基因只是 DNA 的一部分）的同卵双胞胎兄弟健太，又是如何从与他同样的经历中摆脱出来的呢？

许多人通过自己的努力，可以让年轻时的莽撞行为成为过去，改掉恶习，重新回到人生正轨。但也有些人终其一生也无法摆脱自己对毒品或药物的依赖。为什么人与人之间存在这么大的差距呢？这样的疑问已困扰我们多时，近年来一些脑科学家通过运用其他领域的发现成果，为我们指明了寻找答案的新方向。

其中，生物学家通过对人类胚胎的形成和人体致癌机制的研究发现，周围的环境没有改变 DNA 携带的遗传信息，而是改变了 DNA 的作用机制。所谓 DNA 携带的遗传信息，指的其实是核酸序列（Nucleic Acid Sequence）。

环境不能改变 DNA 的核酸序列，也就是说环境无法让 DNA 发生变异（基因突变），而是通过对 DNA 进行添加、去除或修饰改变而这种改变都是长时间的。而这种改变几乎不是暂时性的，更多情况下会持续几年，甚至影响整个人生。

表观遗传学

通过对 DNA 添加、去除或修饰，在不改变 DNA 的核酸序列的状态下，改变基因的作用机制，以及对此进行研究的学科领域被称为"表观遗传学（Epigenetics）"。所谓基因，即指导细胞合成蛋白质（Protein）的指令信息。在基因活动的状态下细胞合成蛋白质的时候，基因表达（Gene Expression）是开启的状态，而在基因无活动、没有合成蛋白质的时候，基因表达则处于关闭的状态。

那么，既然 DNA 负责承载遗传信息，为什么还需要专门对其另作添加、去除和修饰呢？如果用一句话来回答，那就是：这是人类生存的必由之路。

外界生存环境的不断变化早已成为常态，而人类要世世代代地生存下去，就必须不断适应新环境。

在应对变化的问题上，首先能想到的是让 DNA 的核酸序列发生变化，从而产生基因突变，但是想要基因发生突变需要几千年甚至几万年的时间，如此漫长的等待，恐怕人类就要灭绝了。所以为了生存下去，人类只能寻求比变异速度更快的改变基因的"方法"。

这或许就是基因修饰的成因。它不仅使人类能够短时间内决定是否进行基因修饰。还可以通过这种方法，控制基因开启或关闭开关，从而更快地适应生存环境所产生的变化。或许有读者会认为，所谓表观遗传与自己无关，其实不然。在我们每天的各种行为中，表观遗传都在产生着重要作用。

每天，我们都在摄取食物和水分，做家务，上学或上班，我们会游泳和做瑜伽等。在各种场所我们还会遇到许多人，有时又会为处理人际关系而烦恼。此外，我们还会读书、听音乐和去看电影等。而这些看似再普通不过的日常活动，其实都是因表观遗传所引发的行为。

表观遗传能改变大脑对某些经历反应的方式。比如，一个人是否能走出痛苦重新自信阳光起来，还是从此一蹶不振，持续依赖药物、继续被抑郁或其他的精神障碍所折磨，这些都源于表观遗传，表观遗传可谓决定这一切行为的基础。

肥胖基因始于胎儿期

如今，为避免肥胖而努力节食减肥的人并不少见，但只有少部分人能成功。很多被认为是因个人意志薄弱、缺乏韧劲儿才减肥失败的人却在其他领域以坚强的毅力和不断努力拼搏的精神获得了成功，所以说减肥成功与否，和意志力强弱、是否足够努力之间并无决定性联系。

众所周知，体重与身体代谢有关，但近年研究发现，代谢也受表观遗传影响，所以这也是有些人体重难以得到控制的原因之一。

此外，还有成年后身材是否肥胖取决于胎儿期的假说。在 20 世纪 70 年代，哥伦比亚大学的齐娜·斯坦（Zena Stein）和墨文·苏瑟（Mervyn Susser）两位博士夫妻的研究小组针对"二战"末期荷兰陷入大饥荒时期出生的新生儿进行了细致研究。研究结果显示，胎儿在子宫内如果缺乏营养，那么成人后则更容易肥胖。

孕妇营养不良则有可能导致胎儿后期更易患生活习惯病

自齐娜·斯坦和墨文·苏瑟两位博士的研究报告发表后，即 20 世纪 80 年代后期，英国的流行病学家大卫·巴克尔（David Barker）博士，在研究营养不良与人类健康的课题时，也获得了突破性的发现。

他发现，若胎儿在母体内处于营养不良的状态，且生下来的体重过轻，那么在其成人后更容易患上心脏病、糖尿病和精神障碍等生活习惯病。这项研究被称为"胎儿编程（Fetal Programming）"或"子宫效应"，它的另一个名字是"巴克尔假说（Barker Hypothesis）"，这个名字是为了纪念最早提出此学术研究的巴克尔博士。后来这个假说不仅被用来解释胎儿期的营养不良带来的影响，也适用于在出生后一段时间内处于营养不良状态的婴儿。

这个假说的关键理论是：胎儿期或婴儿期如果遭受到外界极大压力，尤其是遭受威胁生命的饥饿压力时，这样的经历对其成人以后的身体健康有很大影响。

虽然如今巴克尔假说得到了很多科学家的支持，然而当时在巴克尔发表假说的时候，人们却对此半信半疑。当时（20 世纪 80 年代后期）世界正处于基因革命的热潮之中，科学家们相信基因才是造成疾病的主要原因。但随着时间的推移，风光一时的"基因热"逐渐降温，同时巴克尔的假说也得到了越来越多的印证，最终其正确性得到了广泛的认同。

子宫内的胎儿若营养不良或孕育方式不当，不仅会拉高孩子成年后肥胖的风险，还会提高心脏病、糖尿病和精神障碍的患病概率。所以我们才说"人的健康始于胎内"。

如果这样的研究能得到社会广泛的认可，或许政府就会改良公众卫生方面的政策，我们的生活方式也会随之发生很大的变化。

那么，又是怎样的契机，让科学家们开始研究"饥饿会影响胎儿成人后的健康"这一课题的呢？史称"荷兰冬日饥荒事件"（Dutch Famine of 1944—1945）的始末又是怎样的呢？

荷兰冬日饥荒事件

荷兰冬日饥荒是人类历史中的悲惨事件。自1944年11月起至1945年5月5日解放时止，大约6个月的时间，荷兰西部地区在德国的封锁下，因粮食严重不足而陷入饥荒，其间竟然饿死了约2万人！

在被德军封锁期间，每人每天仅有750千卡（1千卡=4 186焦耳）的粮食份额，到后来竟然每人每天减少到了1天500千卡。这仅是弱小女性1天不做任何活动的情况下所需热量的1/4。

政府原本规定给孕妇多分配一些食物，但是大多数的孕妇都会把多分给自己的食物再分给家人吃。所以在怀孕期间，很多孕妇本应增长的体重反而减轻了，并造成了许多胎儿的死亡。

而让人惊讶的是在如此恶劣的环境下仍有几万个婴儿正常出生，这无疑是个奇迹。虽然生存下来的新生儿普遍体形瘦小，但在出生时并没有发现明显的先天畸形。

不过"荷兰冬日饥荒事件"的悲剧却完整地体现在了那一代人的身上。胎儿期营养不良的状态下出生的瘦弱婴儿，在成年后普遍更易患心脏病、糖尿病和精神障碍等生活方式病。

那么，在胎儿或婴儿时期就处于营养不良状态的孩子，在经过了 20 年直到生活方式病发作为止，身体又是如何"记住"曾经的悲惨经历的呢？对此，我们首先会联想到 DNA 的变异，但事实并非如此，因为营养不良不会引发变异。

原因并不在于 DNA 的变异，如果一种状态一直持续了很多年，那么这背后一定有表观遗传在发挥作用。

饥饿对 DNA 的影响或可超过 70 年

如果人在胎儿或婴儿时获取营养不足，那么最直接的后果就是会造成寿命的缩短。哥伦比亚大学流行病学学者 L. H. 卢梅教授，对 1944—1947 年出生的 40 多万荷兰人的死亡记录进行了分析，结果发现这个阶段的人平均在 68 岁以后的死亡率上升了大约 10%。

这个结果虽无异议，但是人体究竟是如何将胎儿期的饥饿体验"保存"了几十年的呢？

20 世纪 90 年代，卢梅教授从经历过"荷兰冬日饥荒事件"的几千人中采集了部分人的血样，并且为了做对照研究，还采集了在饥荒前后时期出生的，实验对象的兄弟姐妹的血样。可见卢梅教授为此研究做了周详的准备。20 年后，人类又发明了一项新技术，它可以查血液中甲基（Methyl Group）的含量。

所谓甲基是指在一个碳原子（Carbon，C）上附着三个氢原子（Hydrogen，H）的基团，化学式为 $-CH_3$。对此在后文将做详细的讲述。当 DNA 附着甲基时，即称为 DNA 甲基化（DNA methylation），甲基化能够关闭基因的活性。

卢梅教授还与莱顿大学的巴斯海伊曼斯教授一同，在针对"荷兰冬日饥荒事件"展开再次调查的时候，发表了"孕妇营养不足时胎儿的特定基因处于沉默状态"的见解。

下面摘录部分内容：首先从采集的血样中提取 DNA，并对其中的 35 万甲基进行调查，并找到了特殊甲基。即经历过饥饿事件的目标人群有，但对照人群中却没有的甲基。随后他们把注意力转向了健康，结果发现甲基化在超重人群组中更常见。

最后他们将这些结果进行统合，并发现附着在 PIM3 基因上的甲基与新陈代谢，以及终身健康情况之间存在着联系。由此可见，甲基、饥饿和健康三者之间关系密切。

卢梅教授和海伊曼斯教授如是说："甲基防止细胞的基因表达，并阻断 PIM3 基因表达，而 PIM3 基因则能帮助人体燃烧脂肪。"

也就是说，饥饿会造成胎儿在母体内产生营养不良，从而使胎儿的 PIM3 基因甲基化，即抑制了对燃烧脂肪的蛋白质发号施令的 PIM3 基因的表达。而这是一个可以影响一个人终身的过程，因降低人体代谢功能，进而导致肥胖、增加患病风险最终影响寿命长短。

尽管当年前的那场灾难已经过去，但是在荷兰人的基因中至今仍然留有"印记"。

由此可知，女性若在怀孕时因减肥而让胎儿处于饥饿状态，那么将会对胎儿造成极大伤害。

表观遗传学决定了我们对抗压力、抑郁的表现

2020 年，因新冠肺炎疫情突然来袭，我们的生活发生了巨大的变化。不断增加的感染者中不乏政治家、学者和知名艺人，每天新闻不断报道着疫情的进展，日本的医疗体制也处于崩溃的边缘，政府限制人们外出并要求人与人之间保持一定的社交距离。这样的措施导致旅游、民宿、餐饮和零售等行业遭受了极大的打击。不仅如此，演唱会、电影、体育赛事和文化娱乐等活动也都受到了影响。

上班族也都开启了居家办公的生活，每个人与他人接触的机会骤然减少，闭门不出的时间则不断增加。虽然可以居家远程办公，但我们还是会被孩子的吵闹声搞得情绪不安。再加上与外界交流的机会减少，很多人都感到了孤独。因为人类本身就是群居动物，所以长时间的孤独则会带来巨大的压力。而压力过大最终会诱发抑郁症，这又会

使社会上的自杀人数增多。

另外，压力过大得不到有效缓解，也会导致家庭暴力事件的发生。据日本官方数据统计，2020 年 5 月及 6 月前来政府或地方设立的心理咨询窗口咨询有关家庭暴力问题的人数，均比上年同期各增加了 1.6 倍。7 月及 8 月两月也都达到了 16 000 人次，比上 1 年同月各增加了 1.4 倍。

同时，因压力造成抑郁和不安的现象也均有所增加。据报道，某民营企业以全国医生为调查对象进行了一次问卷调查，561 名受访者中有近四成受访者提到了"精神疾患的严重性"。

在新冠肺炎疫情期间，由于种种原因，最终选择自杀的人数仍在不断增加。普通市民造成的舆论影响力虽不大，但是艺人自杀的消息则会很快成为热搜，日本 2020 年就有相关的系列报道，估计很多日本民众应该还记忆犹新吧。

在实施新冠肺炎疫情防疫政策后，日本的自杀人数大幅增加。对此警视厅公开了自杀人数的统计报告。据统计，虽然 2020 年 1 月至 6 月自杀者人数比 2019 年同期有所减少，但在 7 月自杀人数出现逆转攀升并在此后差距与往年同期想比越拉越大。

在 2020 年 7 月至 12 月，自杀人数合计与 2019 年同期相比，增加了 1 532 人（见图 1-1）。增加的人数，已经达到了截至 2021 年 2 月 4 日因新冠肺炎疫情死亡人数（5 052 人）的 30%。

日本因新冠肺炎疫情死亡的大都是老年人，而绝大多数的自杀者则是年富力强的年轻人。

因承受不了压力而自杀的人，又会给自己的家人、朋友和社会带来压力，这难免又会引发更多与自杀现象相关的社会问题。

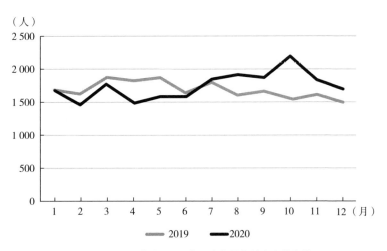

图 1-1　2019 年和 2020 年日本各月自杀者人数比较

资料来源：日本警视厅网站 https://www.npa.go.jp/publications/statistics/safetylife/jisatsu.html（2022.6）

其实只要研究抑郁症的发病原因便能够理解这其中的缘由。容易罹患抑郁症的多是身处巨大压力环境中的人。但是面对相同的压力，有些人反应强烈，有些人则表现淡定。可以说前者"抗压性"低，后者"抗压性"高。抑郁症在"抗压性"与"压力"的相互作用下发病。

抑郁症是否会发病主要取决于一个人的抗压性，并且也与基因的作用有关，但这些都还不是决定性因素，关键在于哪个基因在细胞上发挥作用。表观遗传调控着基因表达的开关，并对抗压性有着极大的影响。

冲动购买的原因

举个例子，某天你有一些睡眠不足，在闹钟响后又不得不起床赶去上班。当同事看到你疲惫的样子后，帮你买了一杯咖啡让你提神。而正是这杯咖啡，使你在之后的工作中得以打起精神，提高了效率。

自那以后，你每天上班时总会想买一杯咖啡帮助提神。就连当你周末外出在看到咖啡店时，原本不需要咖啡因的刺激，但还是习惯性地去买了一杯。而类似状况也会发生在对食物的需求上。例如，当我们看到了麦当劳的黄色招牌后，即使肚子还没感到饥饿，也会下意识地想吃汉堡包和炸薯条。

只要看到了某个食品商标就被激发出食欲，所以即便没有看到实物，店铺的商标本身也会诱发出我们强烈的购买欲。

这是为什么呢？日常生活中我们总是会下意识地将象征性符号（暗示）与食物（奖赏）联系起来做思考。暗示与奖赏配对形成了"联想学习"的关系。由于配对互学，所以每当看到或听到了象征性事物时，就会下意识地去期待奖赏。这种联想学习也与表观遗传有关。

戒不掉的药物依赖

当今，药物依赖及吸食毒品的现象正在日本四处蔓延。据日本警视厅统计，2019 年因滥用药物而被逮捕的人数达 13 364 人，其中违规使用兴奋剂的有 8 584 人，吸食大麻的 4 321 人。而 2019 年的吸食大麻的人数，比 2018 年增加了 743 人，刷新了历年最高纪录。而使用兴奋剂和吸食大麻的人数占比已经超过近年来日本吸毒人数的一半。

在兴奋剂中，有苯丙胺和与其相似分子结构构成的甲基苯丙胺两种。而在日本遭到滥用的兴奋剂中数甲基苯丙胺（冰毒的主要成分）占比最多。

无论是普通人还是知名人士都有沾染毒品的可能性，由于艺人或运动员属于公众人物，所以一旦因吸毒被捕，就会被媒体曝光进而身败名裂。

许多人因被发现使用了违禁药物而被捕后，在法庭上满口保证今后不再吸毒，但随后还是会把持不住再次沾染毒品，之后再被逮捕，如此反复。为什么他们总是屡教不改呢？

这是因为，吸毒会使大脑产生快感，正因为有人想追求这种快感刺激，才会不顾法律的约束，屡教不改。可是毒品带来的快感只不过是暂时性的，在外人看来，只要本人真心想戒毒的话，应该也不难，但是实际上戒毒却是一件非常苦恼的事情，就连成功戒毒几年的人也有可能再次吸食毒品。所以戒毒失败并不能仅以意志薄弱而一概而论，我们应该从生物学层面探究问题的真相。

最近，值得关注的是，已有研究发现，多次复吸毒品会引发表观遗传，导致大脑对毒品欲望增强，并且这种欲望会持续下去。所以我认为，吸毒者多次复吸并非单纯由于他们的决心不足，而是甲基化——这种表观遗传学特性的生物性变化诱发了复吸。

是什么在控制基因开关

人类的特殊性在于，我们与猴子或老鼠的 DNA 不同。无论是人、猴子还是老鼠，凡是包含生物器官或组织构成信息的物质就叫作基因组或 DNA。在 DNA 上附着有腺嘌呤（Adenine）、鸟嘌呤（Guanine）、胞嘧啶（Cytosine）和胸腺嘧啶（Thymine）四种碱基（Base Pair），分别标示为 A、G、C、T。

所以我们可以把 DNA 理解成一本由 A、G、C、T 四个字母编写的书。这本书是如何编写的？它会对我们的体质和性格特征产生什么影响？难道说只要查明 DNA 的核酸序列，就能对这本书完全"解密"吗？答案当然是不能。

因为即使了解了 DNA 也仅是看到了这本书的一半内容。DNA 存在于细胞之中，并堆叠在组蛋白（Histone）上。而 DNA 和组蛋白也都可以进行化学修饰。而这种修饰可在短时间内自由地进行添加或去除。

而对 DNA 或组蛋白进行修饰的过程，就是"表观遗传"。最具代表性的，便是处于饥饿的环境下出生的新生儿 DNA 上附着的甲基。

被修饰的 DNA 和基因组被称为"表观基因组"（Epigenome）。由于基因组必定有修饰，所以事实上所有基因组都属于表观基因组。表观基因组的状态或相互盘绕或疏离分散，当表观基因组盘绕在一起的时候，基因没有活性，细胞也不合成蛋白质，基因表达为关闭的状态。但是，当表观基因组疏散开来的时候，基因便开始发挥作用，细胞也开始合成蛋白质，基因表达进入开启状态。

人体中大约具有 250 种细胞，但是，在各不相同的细胞中有彼此相异的基因在发挥作用。DNA 的核酸序列在人的一生中，几乎都不会发生变化，但是表观基因组则具有灵活性，这种基因组中的基因是有可能发生变化的。

DNA 和组蛋白的修饰，好比开关的开启与关闭，它控制着我们对外部刺激（比如饮食和压力）的反应。表观遗传通过开启和关闭基因表达，帮助我们应对世界的瞬息万变，它是一种人类的生存策略。

DNA 是硬件，表观基因组是软件

据"人类基因组计划"数据表明，人类共有 22 000 个基因。人的 DNA 是人体的蓝图，这个观点已被广泛接受。然而，人们还没有充分认识到，基因本身应该在细胞中发挥怎样的作用？又是在何时或何处发挥作用？这一切都需要引导。

例如，人的肝细胞虽然与脑细胞具有完全相同的 DNA，但是基因只发出"合成能让肝脏运作所需蛋白质"的指令。这种指令并不存在于写入 DNA 的文字（即四种碱基）中，而存在于被修饰的 DNA 中，即存在于表观基因组之中而并不是 DNA 本身。

表观基因组的修饰让特定的基因表达开启或关闭。"修饰"就是基因开关。如果将 DNA 比作合成蛋白质的硬件部分，那么表观基因组就相当于是软件部分。

异常的基因未必都会显现出来

2003 年，杜克大学医学研究所的兰迪·杰托（Randy Jirtle）教授和罗伯特·瓦特兰（Robert Waterland）博士，发

表了一项具有突破性的研究成果。他们使用一种叫刺豚鼠
（Agouti Viable Yellow）的小鼠进行了一次实验（图 1-2）。

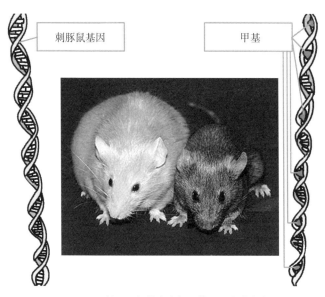

刺豚鼠基因　　　　　　　　　　甲基

图 1-2　基因和年龄完全相同的两只实验小鼠

左边的小鼠体毛呈黄色且肥胖。右边的小鼠体毛呈褐色且健康。

图片资料来源：https://en.wikipedia.org/wiki/Randy_Jirtle#/media/File：Agouti_Mice.jpg

　　刺豚鼠具有一种特殊的刺豚鼠基因，这也是它名字的
由来。也正是因为这种基因，刺豚鼠的体毛呈黄色，饭量
惊人会不停地吃，直到自己胖成球，长大后很容易患癌症
和糖尿病等疾病。很明显，这种实验小鼠在遗传上有缺陷，
它们的命运其实十分悲惨。

那么，我们能否改变这种小动物的命运呢？当给未受孕的雌刺豚鼠投喂正常的饮食，再让它和雄鼠交配后生下来的小鼠，与雌鼠是同样的黄色体毛且肥胖，容易患癌症或糖尿病。

但是，当研究人员为刺豚鼠准备了特殊的饮食后，出生小鼠的情况就完全不同了。这些小鼠不仅拥有一身褐色的毛发，而且体形苗条，且与父母不同的是，它们不会患癌症或糖尿病，即便到了老年也很健康，由刺豚鼠基因带来的基因缺陷完全消失了。

值得注意的是，实验人员并没有让实验小鼠的DNA序列发生任何变异，他们只是改变了小鼠的饮食。在他们提供的特殊的饮食中，有许多含甲基的食物。从专业技术角度上讲，这种富含甲基的食品可以称为"甲基供体"。这听起来似乎晦涩难懂，其实实施起来很简单。其中代表性的食物包括油菜花、西兰花、菠菜、芦笋、洋葱和毛豆等等。

对于人体来说，叶酸、维生素B12、甜菜碱（Betaine）和胆碱（Choline）等保健品也能有效地提供甲基，并开始被广泛使用。

通过让雌鼠食用这些食物，甲基供体便能参与在胎儿体内产生基因组和刺豚鼠基因的活动。雌鼠虽然将刺豚鼠基因"原封不动"地遗传给了子代鼠，但由于摄取了富含更多甲基的食物，所以刺豚鼠基因被关闭，致使有害影响没有呈现。所以说是食物"立了大功"。

兰迪·杰托（Randy Jirtle）教授指出："不过是改变怀孕雌鼠的饮食，就能够导致子代鼠的基因表达发生如此巨变。这简直难以言喻，太神奇了。"

这项研究成果表明，基因的作用机制会随着饮食而发生显著的变化，以及表观遗传学的重要性。

下面对上述内容稍做些补充。刺豚鼠的 DNA 甲基化是不稳定的状态，即在 DNA 甲基化的程度上，各实验小鼠所能达到的水平高低不同且差异很大。高甲基化的实验小鼠的刺豚鼠基因表达能够正常地开启和关闭，这些小鼠的表现为"褐色体毛且健康"。

相对而言，低甲基化的实验小鼠的刺豚鼠基因表达则始终处于开启的状态，表现为黄色体毛且不健康。但是，当雌鼠摄取了含大量甲基的食物后，能够使子代鼠的 DNA 产生甲基化，所以子代鼠健康且生病次数减少。

打破毒效

当各种化学物质进入人体的时候，便会对表观基因组产生影响。其中较有影响的化学物质之一是双酚 A（Bisphenol A，BPA），它是聚碳酸酯（Polycarbonate）或环氧树脂（Epoxy）的主要成分，多用于塑料合成。我们身边的饮料瓶等物品中也含有双酚 A 成分，其中的一部分成分会转化到饮食中。

双酚 A 是国内外已知的能够干扰内分泌的物质，在实验小鼠和实验大鼠等啮齿类动物的实验中，科学家们发现在胎儿期接触双酚 A 会导致肥胖、乳腺癌、前列腺癌和生殖器官疾病，并且当怀孕的雌鼠从饮食中摄取了双酚 A，这种物质便能穿透胎盘在胎儿的体内蓄积。

那么，双酚 A 对胎儿会产生怎样的影响呢？兰迪·杰托教授的研究小组用刺豚鼠做实验并得到了答案。

他们用含有双酚 A 的食物喂养未受孕的雌刺豚鼠，然后让其与雄刺豚鼠交配，并在怀孕和哺乳期间喂同样的食物。随后，将子代鼠（实验组）的毛色和肥胖程度，与喂食不含双酚 A 的食物的雌性刺豚鼠子代鼠（对照组）进行了比较分析。

结果对照组出现了从黄色到褐色的多种毛色。实验组则全为褐色体毛并且肥胖。这就是说，双酚 A 已通过从 DNA 中去除甲基而降低了甲基化。

然而，当给雌性实验小鼠投喂含有丰富双酚 A 和甲基的饲料时，子代鼠为褐色体毛而且健康。这就证明了只要给雌鼠投喂营养补充剂，便可消除类似双酚 A 物质对雌鼠内分泌的影响。

超越基因

抑郁症、药物成瘾、自闭症和精神分裂症等精神障碍均具有高比例的遗传性。大约一半的抑郁症和药物成瘾的潜患风险来自遗传。这种潜患风险甚至高于高血压、糖尿病和大多数癌症的遗传风险。基因固然很重要，但是基因也不能决定一切。

正如我们在同卵双胞胎健太和健二的案例中所见，即使两人拥有完全相同的基因，也并不能确定他们会患上相同的疾病。相反，无论是精神性疾患还是药物依赖症，对于具有潜在遗传倾向的人来说（即对敏感的人来说），只要接触过相关药物或感受到了压力，甚至在胎儿期偶然地感受到了压力，接触到了药物、毒品、激素、重金属物等环境因素的刺激，也会变得容易发病。在这个世界上，无论是在胎儿期还是出生后，拥有完全相同经历的人是不存在的，即使是同卵双胞胎也一样。

于是我们便会产生这样的疑问：环境因素又是怎样诱发精神性疾患或形成药物依赖的呢？

从某种意义上讲，答案一目了然。遗传对大脑神经细胞的发育和连接神经细胞的神经回路的形成产生了一定影响。我们大脑的神经回路能够记录下我们所经历的一切。例如，读书、听音乐、看电影、与朋友或恋人交谈，以及想吃什么午餐等一系列行为。

大脑内部的信息是这样传递的：大脑内部神经细胞释放出被称为神经递质的化学物质，再由其他神经细胞接收。在神经递质中既含有对神经细胞产生刺激的物质，也含有抑制的物质；既有产生快感和引发痛感的成分，当然也有强化快感和痛感的激素成分。

大脑中形成的神经回路，以及传输到神经回路的神经递质，决定了大脑如何对经验做出反应，并最终决定了我们个人的思想和行为。

虽然这部分内容比较容易理解，但接下来的才是关键。前文提到的这些影响只能持续很短的时间。例如，虽然使用兴奋剂和可卡因能刺激位于大脑的中部，负责产生情绪的边缘系统（Limbic System），激发大脑奖赏系统（Reward System），进而产生暂时的快感和迷醉感，但是这种效果会马上消失，奖赏系统也会恢复原状。

而药物、压力和其他经历是如何产生长期影响并诱发了精神性疾患或药物依赖症的呢？这才是真正的谜团。脑科学家们开始认识到，答案就藏在表观遗传中。如果要想理解何谓表观遗传，首先需要学习遗传学的基础知识。

第二章

在基因组研究中的发现

基因只占 DNA 中的一小部分

DNA 与基因是否相同呢？为了方便说明，有时人们会将 DNA 与基因视为同一概念，但是由于本书的主题是表观遗传学，所以若将两者"等量齐观"恐怕就会造成很多错误，因此需要明确地将两者的概念区别开来。

DNA 由两条盘旋在一起的长链构成。在长链上排列着的 A、G、C、T 四种类型的碱基。如果将这四种碱基当成字母的话，以人类的 DNA 为例，合计排列着约 30 亿个词汇，相当于 3 万本 10 万字体量的书刊的字数。

写在 DNA 上的字母为合成蛋白质而排列组合，但是一条 DNA 并非只与一种蛋白质对应，一条 DNA 只有一小部分专门为合成一种蛋白质运作。这个部分就是基因。所以我们必须认识到，基因只是 DNA 的一部分，而绝非 DNA 整体。

下面进一步对基因与 DNA 的关系做更详细的解释。DNA 是由以下三个部分组成：

第一部分称为基因，对细胞合成怎样的蛋白质发出指令。第二部分称为启动子（Promoter），是对何时合成以及合成多少蛋白质发出指令的区域。我们可以把启动子看作基因的控制面板。这部分远比第一部分短得多。人们通常把第一部分和第二个部分的 DNA 合称为基因。

但是，第三部分究竟是什么以及在扮演怎样的角色，至今尚不得而知。事实上这部分才是在人类的 DNA 中占比最多的成分，竟然占 DNA 整体的 98%。

基因是蛋白质的合成"配方"

人类是 60 万亿个细胞的集合体，在细胞中最重要的成分则是蛋白质。

古希腊人称蛋白质为"protei-os"，这个词也有"最重要的"意思。因为细胞合成怎样的蛋白质均是由基因决定，而蛋白质是组成生物的基本成分，所以基因其实就是蛋白质的"合成配方"。

前文，我们将 DNA 比作一本用 A、G、C、T 四个字母写成的书。以人为例，写在 DNA 上的字母总共大约有 30 亿个，相当于 22 000 个基因。

然而，基因并不仅仅是单一的个体，许多基因聚集在一起才能构成一个单元，这个单元就是"染色体"。任何人的细胞都有 23 对染色体（共 46 条），这就是"基因组"。简言之，基因组就是人的所有遗传物质的总和。

一旦基因组遭到了破坏，细胞也会遭受极大的伤害，在某些情况下会导致细胞死亡。甚至还有可能发生比细胞死亡更可怕的事情。比如细胞的增殖失控，就会导致癌细胞生成。为防止这种情况发生，基因组被牢牢地"锁在"细胞内被称为"细胞核（Cell Nucleus）"的"保险箱"中。

既然基因组被锁在细胞核中，那么它在细胞中究竟是如何发挥作用的呢？为了解开这个谜团，1990 年多国联合启动了名为"人类基因组计划"的大型项目。

"人类基因组计划"是以确定人体内的约 30 亿个碱基对组成的核苷酸序列为目标，由美国、英国、法国、德国、日本及中国科学家共同参与的国际研究项目。由于官方 NIH（美国国立卫生研究院）与民营公司之间的竞争异常激烈，竟比计划提前 10 年达成目标，所以人类基因组计划于 2000 年 6 月 26 日正式宣布结束。

4 个字母号令 20 种氨基酸

下面就让我们看看，细胞到底是如何使用"基因配方"合成蛋白质的吧（图 2-1）。

两条DNA链

GTACATAAGAACGTGCGCG

CATGTATTCTTGCACGCGC

碱基的 3 个字母构成 1 个氨基酸指令

①②③④⑤⑥……⑳蛋白质
（①②③表示氨基酸）

例如，AAA→赖氨酸
GGA→甘氨酸
CGA→精氨酸
TGG→色氨酸

图 2-1　细胞接受基因的指令合成蛋白质

A、G、C、T 四种碱基，排列于链状的 DNA 之上，而且一条链上有一个 A，那么另一条链上就必定有一个 T，A 与 T 配对；与 A 和 T 相同，G 必定与 C 配对。如此，A 与 T、G 与 C 形成配对关系，这被称为碱基配对原则。

在生物体中 DNA 总是以双链形式存在，遵循碱基配对原则，一旦确定了一条链的核酸序列，另一条链的核酸序列也就自动被确定了。此时，DNA 双链形成互补关系。

那么，DNA 是如何发布指令，并指导细胞合成蛋白质的呢？在 DNA 链上排列着 4 种碱基，而构成蛋白质的氨基酸（Amino Acid）共有 20 种。那么问题来了：用 4 种（4 个字母）碱基控制 20 种氨基酸，这真的可能吗？

但是我们知道从 A、B、C 开头到 X、Y、Z 结尾的 26 个英文字母组合而成的单词可以表达出我们所有想法。例如从 26 个英文字母中提取出 E、V、M、O 和 I 几个字母。

按照"E、V、M、O、I"顺序排列的"词"是没有意义的，但如果将它们重新排序为"M、O、V、I、E"，则变为"MOVIE"，即"电影"的意思。

正如我们使用字母表中从 A 到 Z 的 26 个字母表达想法一样，DNA 也能够把这 4 种碱基排列组合从而传递所有遗传信息。

首先，让我们了解一下从 4 种碱基中选择 2 种进行组合的情况。这种组合形式有 4×4=16 种类型，所以还不足以控制所有 20 种氨基酸。

而从 4 种碱基中选出 3 种碱基组合，有 4 × 4 × 4=64 种类型。这就是说对所有 20 种氨基酸发出指令后仍然有剩余的发挥空间。DNA 正是通过字母的排列组合传递遗传信息的。

例如，"AAA"三个字母针对赖氨酸（Lysine）；"GGA"针对甘氨酸（Glycine）；"CGA"针对精氨酸（Arginine）；"TGG"针对色氨酸（Tryptophan）发出指令。DNA 的三个字母被称为"密码子（Codon）"。在 64 种密码子中，有 61 种对氨基酸发出指令。剩下的 3 种不对氨基酸发出指令，而是以"终止密码子"的形式表示合成蛋白质的工序已经完成。此外，通知启动合成蛋白质的"起始密码子"是由甲硫氨酸（Methionine）的"ATG"密码子"兼职"。使用 DNA 的三个字母排列组合，从而向 20 种氨基酸发出指令的规则被称为"遗传密码（Genetic Code）"。

所有生物共有的遗传密码

20 种氨基酸受 61 种密码子"号令"，也就是说平均 3 个密码子号令 1 种氨基酸。然而这种认识尚不够准确。比如丙氨酸（Alanine）、甘氨酸（Glycine）和苏氨酸

（Threonine）受 4 个密码子的号令，精氨酸（Arginine）和亮氨酸（Leucine）则受 6 个密码子的号令。

所有生物都是依循遗传密码的规则，将写入 DNA 的遗传信息翻译成蛋白质的。这就是说，地球上的所有生物，从类似大肠杆菌等单细胞生物到植物、动物和人类等，其实使用的都是同一套遗传秘密。

通常来说，即使是绝不可能合成人类蛋白质的大肠杆菌，当被转入了相应的人类蛋白质的基因后，转基因大肠杆菌也能合成人的蛋白质。目前人们已经能够使用转基因技术生产胰岛素（Insulin）、生长激素（Growth Hormone）和干扰素（Interferon）等医药品。

DNA 复制的信使 RNA

虽然 DNA 上的基因能够指挥细胞合成蛋白质，但基因本身并不参与蛋白质的合成。因此，需要一个介质来传递 DNA 的信息。这便是信使 RNA（messenger RNA，mRNA）分子。mRNA 是一种与 DNA 极为相似，但还是有些细微的差别。

两者的不同体现于以下三个方面。首先，DNA 是双链结构，而 mRNA 是单链结构。其次，碱基 T 为 DNA 特有，碱基 U 则为 mRNA 特有。碱基 T 和碱基 U 有着相似的分子结构，当在 U 上附着了甲基时即变为 T。最后，含有的糖形也不同，DNA 含有脱氧核糖（Deoxyribose），而 mRNA 含有核糖（Ribose）。

那么 mRNA 是如何从 DNA 中产生出来的呢？首先，RNA 聚合酶（Polymeraseis）结合在双链 DNA 上，并滑向基因附近的启动子。随之，启动子的 DNA 中一部分被解开，变成了单链。随后，RNA 聚合酶便开始合成与变成单链的 DNA 互补的 RNA。

而后 DNA 中包含的所有遗传信息无一遗漏，全都被转录到 RNA 上。以 DNA 一条链为模板合成 mRNA 的过程被称为"转录"。

虽然 mRNA 的核酸序列与双链 DNA 中的一条链完全相同，但是，在 mRNA 中用 U 代替了 T。mRNA 被传送到起着蛋白质合成工厂作用的核糖体（Ribosome）的细胞器中。核糖体读取 mRNA 的每个密码子，将相应生成的氨基酸一个接一个地连起来。就这样，原本作为遗传信息写在 DNA 中的蛋白质就产生了。

DNA 复制的原因

为什么要先将 DNA 转录为 mRNA 之后，再合成蛋白质呢？或者说，为什么不用 DNA 直接合成蛋白质呢？如果用一句话来归纳，即 DNA 转录是生物体保护原始遗传信息的策略。

真相是这样的：DNA 好比遗传信息的原始文件，如果原封不动地合成蛋白质的话，在使用的过程中会出现损伤，使遗传信息变得不准确。这对生物的生存来说是不利的，所以尽可能不去接触原始的基因信息才更加安全。因此，为了合成蛋白质，生物刻意进化出 mRNA 作为临时拷贝文件。

事实上，mRNA 分子跟 DNA 相比非常不稳定，一旦完成了合成蛋白质的职责后，就会被酶迅速分解。mRNA 只不过是一个临时的拷贝文件而已。促进这种分解的主要因素之一是在前文中提到过的 RNA 特有的核糖（Ribose）。

目前很多国家已经成功研发出了新型冠状病毒疫苗，接种工作也在逐步展开，效果令人期待。而美国辉瑞公司（Pfizer）的疫苗，由于使用的是产生抗原病毒蛋白的

mRNA，所以必须在零度以下冷藏保存。这使接种疫苗前必须准备大量的超低温冷冻冰箱，工作量很大。从这一事例中可知 mRNA 的不稳定性。

最后，根据转录到 mRNA 的遗传信息，在核糖体中合成蛋白质的过程称为"翻译"。图 2-2 展示了遗传信息的大致传递过程。

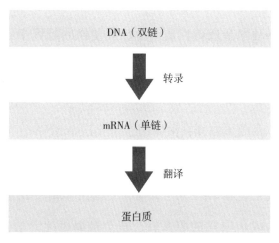

图 2-2　遗传信息的传递过程

细菌（Bacteria）、蓝细菌（Cyanobacteria）和衣原体（Chlamydia）等单细胞生物，由于细胞内没有细胞核（原核生物），所以从 DNA 转录成 mRNA 的过程也是生成蛋白质的过程。

类似这样的低等生物，从 DNA 转录成 mRNA，从 mRNA 翻译成蛋白质几个步骤同时且同位置发生。而我们人类是高等动物，遗传信息传递的过程与之自然大不相同。

人类基因的结构

关于人类基因中"对蛋白质发出指令部分"的研究取得了很大进展，同时也有许多新的发现。图 2-3 为我们展示了人类基因的结构。首先，启动子贴近基因，在启动子上由转录因子和 RNA 聚合酶分别结合，并进行基因的转录，即启动子将 DNA 转录为 mRNA。随后 mRNA 移向核糖体，并在该部位被翻译成蛋白质。

图示 2-3　人的基因结构

如果基因被转录到 mRNA 并被翻译成蛋白质的话，基因就会发挥作用，因此基因表达为开启状态。如果没有被翻译成蛋白质，则基因表达为关闭状态。

长期以来，启动子被认为是决定基因表达的开启或关闭状态的主开关，但是后来科学家们发现真正的主开关是表观遗传。这一发现在生物学上犹如"日心说"取代了"地心说"，具有划时代意义。这便是我创作本书的初衷。

合成各种蛋白质的剪接

人体作为高等生物，其细胞的最大特点，就是细胞内有细胞核。这种细胞称为真核细胞（Eucaryotic Cell）。在真核细胞的细胞核内储存着 DNA，当从 DNA 转录到 mRNA 时，便会经历复杂的加工（Processing）过程。

如前所述，指挥蛋白质合成的只是 DNA 的一部分。首先 DNA 会被转录到 RNA，被转录的 RNA 的一部分又被加工为 mRNA，随后由 mRNA 指导蛋白质的合成。

DNA 中转录到 mRNA 的部分被称为外显子（Exon）。外显子是存在于成熟 mRNA 上的核酸序列，指导蛋白质的合成。相反其余核酸序列，称为内含子（Intron），指没有转录到成熟 mRNA 上的 DNA 序列。换言之，内含子虽然也是 DNA 序列，但并不指导蛋白质合成。

在细胞核中，包括外显子和内含子的 DNA 被转录到

RNA 上。未成熟的 mRNA 一旦除去内含子部分，便能够形成成熟的 mRNA。这个过程被称为剪接（Splicing）（图 2-4）。

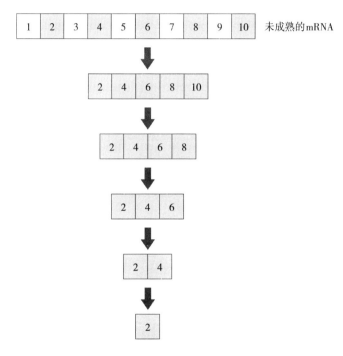

图 2-4　通过剪接过程能够从一条 DNA 链上合成许多蛋白质

被剪接后的 RNA 链会变得非常短。成熟的 mRNA 受到剪接后的长度相当于未成熟 mRNA 的十分之一。由此形成的成熟的 mRNA 的长度是 100~5 000 个碱基不等。剪接后形成的各种长度的 mRNA 又能合成各种各样的蛋白质。因此，仅 22 000 个基因，居然可以合成出超过 100 000 种蛋白质。

基因对多种蛋白质发出指令

20 世纪 40 年代，美国遗传学家乔治·比德尔（George Wells Beadle）博士和爱德华·劳里·塔特姆（Edward Lawrie Tatum）博士发现，当对粉色面包霉菌（Neurospora Crassa）照射 X 光让其发生变异，并对其代谢的途径做调查时，特定的酶会发生变化。他们发现基因和酶有直接关联性，提出了"一个基因一种酶的假说"（One Gene–One Enzyme Hypothesis）。简言之，即一个基因只能对一种酶发出指令。两人因此获得了 1958 年度的诺贝尔医学及生理学奖。

直到 20 世纪 60 年代，"一个基因一种蛋白质"的基因观念得到了普及。然而，后来科学家们发现许多基因可以对两种以上的蛋白质发出指令，所以如今这条推论已经被证伪。

其理由之一，如上所述，经过剪接从未成熟 mRNA 中能合成多种成熟的 mRNA，也能合成多种蛋白质。加之，即使被翻译后，蛋白质前体也可能被分割成几个片段，从而合成多种蛋白质。

例如，前脑啡黑细胞促黑素细胞皮质素原（POMC）基因指导合成蛋白质。虽然 POMC 的蛋白质前体是在脑下垂体中合成的，但根据其包含细胞的种类，能变化为 20 种激素。

POMC 蛋白质前体在脑下垂体的某个部分变为 ACTH（促肾上腺皮质激素），如果是在其他部分则会变为 $\beta-$ 内啡肽。此外，还会在皮肤细胞中化为一种促黑素细胞激素来促进黑色素的合成。

POMC 蛋白质前体以这种方式被翻译成蛋白质后，有些蛋白质还会被分割成若干个片段。

到底什么是基因？学者各有其说，但一般认为，基因就是被转录为 mRNA 后又被翻译为蛋白质的 DNA。这就是为什么自 2000 年至今，人类基因组计划已进行了 20 年，人类基因总数也还是"预计 2 万至 2.5 万个"，而得不到一个明确的数字的原因。

由于人体细胞为二倍体（23 对共 46 条染色体），所以每个细胞大约有 60 亿个（30 亿 ×2）碱基，其中编码蛋白质只有约 1.2 亿个。人类的 DNA 只有 2% 作为基因被使用，剩余的 98% 的 DNA 职责始终是个谜，但是近年来，它们的神秘面纱正在逐步被揭开。

至此，我们已经做好了学习表观遗传学的准备。

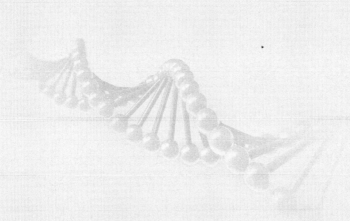

第三章

何谓表观遗传学

为什么长链 DNA 会收纳进入细胞核内

人体内大约有 60 万亿个细胞，每个细胞都是完全相同的 DNA。如果将 DNA 拉直丈量的话，其长度可达 2m。由于细胞的大小约为直径 10 μm（1/100mm）[1]，因此细胞核的直径大约为 5 μm。换言之，在直径 5 μm 的细胞核中藏着直径为 2nm（1/500 μm）[2]、长度为 2m 的 DNA 链。

为有助于读者们理解，在此把细胞核比作一个直径 1cm 的球，这就等于将一根直径为 4/1 000mm、长度为

---

[1]　μm：微米，长度单位。1微米的长度是1米的一百万分之一，是1毫米的一千分之一。

[2]　nm：纳米，长度单位。1纳米的长度是10^{-9}米。

4km^①的丝线塞入其中。可见细胞核内完全被DNA塞满了。

那么，到底要怎样才能将这个长长的DNA打包收纳进小小的细胞核里呢？可见，DNA是被打包压缩进了细胞核。而这个打包用的"包装"则被称为染色质（Chromatin）（图3-1）。

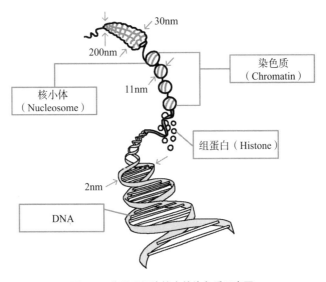

图3-1　收纳于细胞核内的染色质示意图

DNA在细胞核内被紧凑地包装起来。

---

① km：千米，长度单位。1千米的长度是1 000米。

2m 长的 DNA 链居然能压缩进仅有 5μm 的容器中，这其中的奥秘在于染色质的形成和 DNA 紧凑的包装"工艺"。

核小体是由 DNA 和组蛋白形成的染色质基本结构单位（详见图 3-2）。如果将 DNA 比作一条链，而将组蛋白比作一个线轴的话就比较容易理解了。

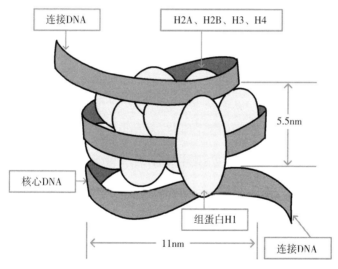

图 3-2　核小体的结构示意图

DNA 盘绕在像线轴的组蛋白上，把它称为核小体。组蛋白 H1 被称为连接组蛋白，具有将核小体聚合在一起的机能。

组蛋白与 DNA 的完美结合

组蛋白八聚体（Histone Octamer）是由组蛋白 H2A、H2B、H3、H4 各两分子构成的聚合体。

此外，组蛋白 H1 也被称为连接组蛋白，它将 DNA 与核小体紧扣在一起，帮助聚合核小体形成染色质。

核小体由组蛋白和盘绕在其上的 DNA 构成。组蛋白与 DNA 的结合不仅是储藏 DNA 的需要，也是左右基因表达的关键因素。

下面向各位介绍一下组蛋白的特征。由于组蛋白含有丰富的赖氨酸和精氨酸等碱性氨基酸，因此，它们在正常人体内（在水分较多的中性条件下）带强正电荷。而由于 DNA 分子外侧具有磷酸（Phosphoric Acid）基因，所以虽然处于相同条件却带有强负电荷。组蛋白的正电荷与 DNA 的负电荷的电性相反，所以两者相互之间有很强的吸引力。因此，组蛋白与 DNA 结合，核小体的状态稳定。

松散的染色质与凝集的染色质

许多核小体的集合体即称为染色质。这与人群聚集相同，有些核小体彼此之间松散，有些核小体彼此紧密凝缩。染色质的一种松散聚集的形式被称为常染色质（Euchromatin），相反染色质处于凝缩状态则被称为异染色质（Heterochromatin），详见图3-3。

两者之间存在着天壤之别。在常染色质中，DNA能够被转录到mRNA，合成蛋白质。从而基因表达被开启，但异染色质则相反。

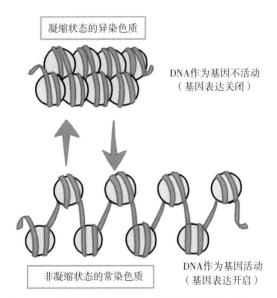

凝缩状态的异染色质

DNA作为基因不活动
（基因表达关闭）

非凝缩状态的常染色质

DNA作为基因活动
（基因表达开启）

图3-3 凝缩状态的异染色质与非凝缩状态的常染色质

凝缩状态的异染色质在核小体之间聚集紧密，基因表达关闭；非凝缩状态的常染色质在核小体之间松散聚集，基因表达开启。

在许多核小体紧密凝集的异染色质中，因为 DNA 不能转录到 mRNA，也就不能合成蛋白质，所以异染色质的基因表达被关闭。

细胞的功能取决于合成怎样的蛋白质，即蛋白质的合成决定细胞的命运。而蛋白质的合成又是由基因表达的开启和关闭来决定的。而基因表达的开启与关闭则要受到染色体的状态所影响。

细胞的命运取决于基因表达，而基因表达则由核小体的性质所决定，而且核小体是 DNA 与组蛋白的结合体。而修饰又能改变 DNA 和组蛋白的结合。由此可见，针对 DNA 和组蛋白的修饰，不仅影响基因表达的开启或关闭，而且，由于这种修饰很容易引发和终止，因此我们不能过分夸大与生俱来的基因的重要性。

再回到组蛋白的话题。早有研究表明组蛋白存在于细胞核中，但是其重要性直到最近才被认识。长久以来，科学家们一直认为组蛋白是为了支持脆弱的 DNA 骨架而存在的，与基因表达无关。

但是，近年来科学家们发现，能否阻止基因表达的开启或关闭取决于组蛋白与什么物质发生化学反应。组蛋白在相关酶作用下发生的各类修饰过程称为"组蛋白修饰"。

组蛋白修饰与 DNA 甲基化

一直以来，人类的遗传特征都被认为是随机从父亲或母亲又或其他祖先那里获取的，从而形成独特的 DNA 序列（Sequence），这就像是在受孕的那一刻，基因就如混凝土般定型。

但是，如今科学家们已经证明这种认识只有部分是正确的。即依据子宫内的环境可对受精卵的 DNA 进行修饰，能够决定在各个组织或器官中，哪些基因可以被转录到 mRNA 上，并翻译成蛋白质（基因表达开启），哪些基因又应该处于沉默的状态（基因表达关闭）。

此外，通过改变饮食和生活方式等外界环境因素，也能够使 DNA 修饰发生变化，而基因表达也随之发生变化。而且这种变化将以年为单位持续很长时间，甚至有可能持续一生。DNA 甲基化和组蛋白修饰能够控制基因表达的开启或关闭。前面已讲过，组蛋白和组蛋白上的修饰或被添加或被去除的过程称为"组蛋白修饰"。对组蛋白修饰来说，重要的是乙酰基（CH_3CO-）。乙酰基是乙酸的一个官能团，而将乙酰基共价结合到分子上的化学反应，就是"乙酰化"。

DNA 上添加或去除的修饰基因——"甲基"（$-CH_3$）在 DNA 甲基化转移酶的作用下，与胞嘧啶 5 号（C）共价键结合一个甲基基团，即被称为"DNA 甲基化"（DNA Methylation）。表观遗传的"主角"正是组蛋白修饰和 DNA 甲基化。表观遗传中有些简单却重要的规律。

· 当有修饰基团乙酰基组合到组蛋白上时，基因表达为开启状态。

即"在组蛋白乙酰化的时候基因表达为开启的状态，组蛋白脱乙酰化的时候基因表达为关闭状态"。

· 当修饰基团甲基结合在 DNA（称为 DNA 甲基化）上的时候，基因表达为关闭状态。

即"DNA 甲基化关闭基因表达，脱甲基化则开启基因表达"。

关闭基因表达同样重要

DNA 的主要职责，即在细胞中作为基因发挥作用并合成蛋白质。为此，首先双链 DNA 与 RNA 聚合酶（RNA Polymerase）结合，此时必须将 DNA 的一部分解旋，随后在分解开来的一条 DNA 链上构成互补关系的 RNA 聚合酶。

如果 DNA 紧凑地缠绕在组蛋白上的话，RNA 聚合酶就没有与双链 DNA 结合的空间了。因此染色质处于松散的状态是 DNA 作为基因发挥作用的前提条件。

众所周知，对于细胞来说，开启基因表达以合成蛋白质很重要，但是关闭基因表达也很重要。

即使在人类染色体中，某些区域仍以浓缩染色体的极端形式存在，其中核小体几乎一直密集地堆积在一起。这种极端形态的 DNA 区域根本不会作为基因发挥作用，但它们也并非可有可无的存在。因为这个区域或者位于染色体的最前端，或者为了协助细胞分裂，有时在 DNA 复制后成为染色体分离的重要区域。

此外，在神经细胞和心肌细胞等长寿细胞中，某些特定的基因开关会连续几十年都保持关闭状态。而 DNA 甲基化则承担了关闭基因开关的职责，促使组蛋白与DNA紧密地连接，形成凝缩状态的异染色质来关闭基因表达。因此，DNA甲基化对于维持基因失活状态必不可少。但是在组蛋白与DNA结合得不够紧凑的区域又会是怎样的情形呢？下面我们就来了解一下基因表达既可能开启又可能关闭的区域吧。

基因表达的主开关"组蛋白修饰"

表观遗传的"主角"是组蛋白修饰和DNA甲基化。组蛋白修饰的基团除了乙酰基之外，还有甲基、磷酸（Phosphoric Acid）和泛素（Ubiquitin）等，但其中最重要的是乙酰基。

组蛋白是如何进行乙酰化的呢？核小体有一个从组蛋白中突出来的部位，它像是一条"尾巴"，乙酰基就黏在上面。乙酰基的化学符号为 CH_3CO-，它是乙酸的一个基团。

将乙酰基结合于组蛋白上的酶，即组蛋白乙酰转移酶（Histone Acetyltransferase，HAT）。洛克菲勒大学的查尔斯·戴维·艾利斯（Charles David Allis）教授的研究小组证明了在HAT能够引发组蛋白修饰，从而改变了染色质的结构及影响基因表达。2014 年，为表彰这一贡献，日本国际科学技术财团向艾利斯教授颁发了日本国际奖 ①。

虽然乙酰基结合在组蛋白尾部的氨基酸上，但是能够结合的氨基酸种类也是固定的。在 20 种氨基酸中，只有赖氨酸（Lysine）能与乙酰基结合。而组蛋白尾部刚好有很多赖氨酸。那么为什么具有多个乙酰基结合的组蛋白的性质会出现很大的变化呢？

组蛋白与 DNA 的结合，是由于带正电荷的组蛋白与带负电荷的 DNA 之间电极相吸造成的。组蛋白的赖氨酸（一种碱性氨基酸）的乙酰化，减少了整个组蛋白分子中的正电荷，从而削弱了它和 DNA 结合的能力。因此，核小体的排列变得松散，并形成了非凝缩状态的染色质（图 3-4）。

当非凝缩状态的染色质形成时，DNA 的一部分将会暴露出来。转录因子和 RNA 聚合酶与这个暴露出来的启动子结合，并开始从 DNA 转录到 mRNA。这就是说，当组

① 日本国际奖：是日本国际科学技术财团所颁发的奖项。该大奖由日本国际科学技术团于 1983 年设立，1985 年首次颁奖。该大奖评委会于每年 1 月公布获奖者名单，同年 4 月在东京举行颁奖仪式。——编者注

蛋白被乙酰化时，凝缩状态的染色质变成非凝缩状态的染色质，导致基因表达开启。

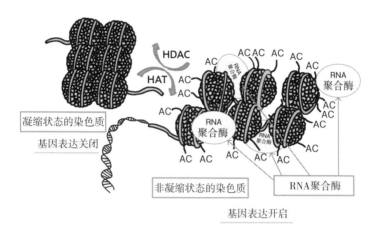

图 3-4　基因表达的主开关"组蛋白修饰"

组蛋白的乙酰化使染色质处于非凝缩的状态，基因表达为开启。非凝缩状态的染色质脱乙酰化后会导致染色质凝缩，基因表达为关闭。

HDAC：组蛋白去乙酰化酶

HAT：组蛋白乙酰转移酶

AC：乙酰基

此外，还发现从组蛋白中脱去了乙酰基的酶。这种酶被称为组蛋白去乙酰化酶（Histone Deacetylase，HDAC）。当这种酶发生作用使组蛋白脱乙酰化时，组蛋白和 DNA 之间的电极吸引力将会变得更强。许多核小体紧凑地聚集在一起，形成凝缩状态的染色质。在凝缩状态的染色质上，转录因子和 RNA 聚合酶无法接触到 DNA，因此不会发生转录，所以基因表达被关闭。

如此，通过组蛋白乙酰化和通过脱乙酰化，人体就能巧妙地控制基因表达的开关了。此外，组蛋白的乙酰化和脱乙酰化也能够让人类较容易地应对外界环境的变化了。

长久以来，人们坚信变异是生物体为适应环境变化力求生存所必不可少的条件。可是若只等待漫长的变异的话，人类将会灭绝，所以需要有相对变异更快地适应环境变化的方法，这就是表观遗传。

1980 年前后，我在美国开始研究分子生物学的时候，曾热衷于读一本遗传学的旧教科书，那是詹姆斯·杜威·沃森（James Dewey Watson）的基因分子生物学名著。书中强调了基因表达的主开关是启动子。

但是，直到 40 年后的今天，我们才发现基因表达的主开关其实是以组蛋白修饰来改变染色质的机制。只有当染色质结构变得松散时，转录因子或 RNA 聚合酶才有与 DNA 结合的空间，当转录因子或 RNA 聚合酶在这个空间里结合时，转录才会开始。

组蛋白的乙酰化使染色质的结构松散开来，而组蛋白脱乙酰化使染色质结构变得紧凑。即便是这种教科书水平的基础知识，也会随着时间的推移而发生巨大的变化。事实证明不能盲目相信常识。

组蛋白修饰中的甲基化很复杂

甲基化是另一种重要的组蛋白修饰。这一过程就是将甲基作为修饰基团附着在组蛋白上。组蛋白的甲基化影响比乙酰化的影响复杂得多。

请回想一下，组蛋白八聚体是由组蛋白 H2A、H2B、H3 和 H4 各两分子构成的聚合体。

换句话说，基因的开启或关闭取决于构成组蛋白的蛋白质中的哪一部分被甲基化。组蛋白的甲基化通常会关闭基因表达。

并且科学家们还发现，有些酶能使组蛋白结合或脱去甲基。将甲基结合到组蛋白上的酶被称为组蛋白甲基转移酶（Histone Methyltransferase，HMT），从组蛋白上脱去甲基的酶被称为组蛋白去甲基化酶（Histone Demethylase，HDM）。

对于组蛋白修饰来说，结合乙酰基或甲基就相当于是

"铅笔写字",脱去乙酰基或甲基则相当于是"橡皮擦掉字迹"。表观基因组的形成是通过在先天的基因组上使用"铅笔"和"橡皮"来添加或去除完成的（表3-1）。

表3-1 与组蛋白修饰相关的酶与其活动

酶的名称	酶的作用	修饰的作用
组蛋白乙酰转移酶 （HAT）	乙酰基结合组蛋白	铅笔写字
组蛋白去乙酰化酶（HDAC）	组蛋白脱去乙酰基	橡皮擦除
组蛋白甲基转移酶 （HMT）	甲基结合组蛋白	铅笔写字
组蛋白去甲基化酶（HDM）	组蛋白脱去甲基	橡皮擦除

DNA 甲基化是另一个主开关

基因的另一个主开关是 DNA 甲基化。甲基化的位置是 DNA 胞嘧啶（C）的第 5 位碳原子。组蛋白修饰的途径，除了有乙酰化和甲基化之外，还有众所周知的磷酸化和泛素化等，相对而言，DNA 修饰只有甲基化而已。

DNA 由两条缠绕在一起的长链构成。在这对链上排列着 A、G、C、T 四种类型的碱基，一条链上的 A 与另一条链上的 T 形成一个碱基对。与此相同，C 与 G 形成一个碱基对。正是因为有这类碱基对的形成，才构成了 DNA 双螺旋原始驱动力。

此外，作为 DNA 的一个单位，A–T 和 C–G 的碱基对的分子量约为 600 个。相比之下，甲基（–CH₃）的分子量只有 15 个，因此，由甲基化引起 DNA 的变化仅占 2.5% 左右。如此小的变化即能改变基因表达，实在令人惊讶。

通过将甲基结合到胞嘧啶第 5 位上，可以形成 5- 甲基胞嘧啶（5-methylcytosine）（图 3-5）。DNA 甲基转移酶（DNMT）作为 DNA 上的"铅笔"，驱动了这种化学反应。它的结果是致使基因表达关闭。

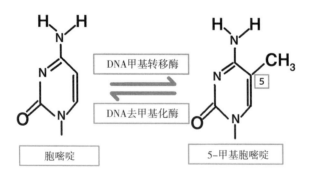

图 3-5　DNA 甲基化的代表

甲基化以甲基结合到胞嘧啶第 5 位碳原子的化学反应形成了 5- 甲基胞嘧啶。

DNA 甲基化会导致基因关闭

在哺乳动物的基因组中，存在着非常多的胞嘧啶（C）以及鸟嘌呤（G）的 CG 序列。这个区域被称为 CpG 岛（CpG islands）。CpG 岛的一个特征是可以高频率地发生胞嘧啶甲基化（图 3-6）。例如，在哺乳动物的基因组中，所有 CG 序列的 60% 至 90% 都被甲基化。

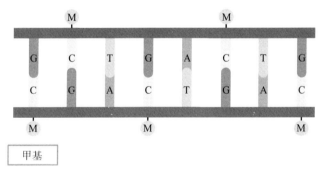

甲基

图 3-6 双链 DNA 的胞嘧啶甲基化

首先，CG 序列中最多的是影响基因表达的启动子。转录活动仅在转录因子或 RNA 聚合酶在此处结合之后才会开始。然而，当 CG 序列的胞嘧啶被甲基化的时候便会发生变异。这个变异即 MeCP2（甲基化 CpG 结合蛋白质）寻找到甲基胞嘧啶后与之结合。但是，MeCP2 不会与未甲基化的普通胞嘧啶结合。换句话说，MeCP2 具有很高的识别能力，它可以识别出在 C–G 碱基对的胞嘧啶上结合的甲基修饰，且概率仅为 2.5% 左右的微小差异。

与启动子的甲基胞嘧啶结合后的 MeCP2，会引发组蛋白去乙酰化酶（HDAC），从组蛋白脱去乙酰基，并使染色质凝缩。由于 RNA 聚合酶不能与凝缩状态的染色质的 DNA 结合，所以不会向 mRNA 转录。如此，基因表达被关闭（图 3-7）。

MeCP2：甲基化CpG结合蛋白质
HDAC：组蛋白去乙酰化酶

图 3-7　DNA 甲基化使基因表达关闭

DNA 甲基化会导致基因表达关闭。其原理是凝缩状态的染色质发生变化。

人的生长发育不能缺少 DNA 甲基化

DNA 甲基化，在人类的生长发育进化中也有着极为重要的作用。这是因为尽管在人体的所有细胞中都存在着完全相同的基因组，但是需要根据人体的不同器官和组织去合成不同类型的蛋白质。

例如，小肠的细胞所需要的蛋白质不同于大脑的神经细胞、肝脏细胞、皮肤细胞和胰腺细胞等所需要的蛋白质。如果小肠的细胞表达的消化酶在大脑表达，那么将会损坏大脑。为防止这种情况发生，人体会依据表观遗传控制基因表达，为各种器官合成各自所需的蛋白质。

我们有头部、身躯、四肢、眼、耳、鼻、嘴、牙齿、心脏、肺和其他各种器官组织。如果表观遗传不存在，这些器官组织也就不存在了，只剩一堆相同的细胞而无法形成固定的形态。

此外，DNA 甲基化还有助于我们预防传染病。假如我们被一种病毒感染，这种病毒的基因侵入我们的基因组后被甲基化，其表达受到抑制就能防止病毒的转录并预防发病。

至此我们学习了遗传学和表观遗传学的基础知识。从下一章开始，将探讨表观遗传与食物依赖症、药物依赖症和抑郁症的发病到底有着怎样的联系。

第四章

从药物依赖症和食物依赖症的角度探讨表观遗传

日本毒品的泛滥

正如第一章所述，在日本滥用药物、毒品泛滥的现象很严重。近年来涉及毒品犯罪的案件中，兴奋剂和大麻占主要比例。2019 年有 13 364 名嫌疑犯因毒品犯罪被捕，但这还仅是冰山一角，不难推测，未被捕的吸毒者人数远远高于被捕人数。

非法传播毒品的案件主要涉及兴奋剂、可卡因、摇头丸（MDMA）、致幻剂、大麻、吗啡和海洛因等。 此外，酒精虽然不在违禁品之列，却极易成瘾，因此我们也应该像提防药物成瘾那样对酒精加以警惕。

人们普遍把兴奋剂、可卡因、摇头丸等刺激大脑的毒品统称"upper"（兴奋剂），而将大麻、吗啡、海洛因和酒精等抑制大脑的毒品统称"downer"（镇静剂）。

任何人都知道不能吸毒。因为毒品不仅侵蚀大脑和身体，而且属于违法行为，任何人一旦被发现持有或吸食毒品就会被捕。无论你是艺人、运动员，还是普通人，只要被捕就会丧失社会公信力，甚至会以失去工作和收入作为代价。如果失去收入，不能购买到所需食物，后果就会像"荷兰冬日饥荒"事件受害者的遭遇那样，直接受到生存威胁，并遭受极大压力，最终会导致我们难以承受的严重后果。

尽管如此，吸毒现象仍旧屡禁不止，因为对那些吸毒成瘾的人来说，即便是付出巨大代价也要追求毒品带来刺激。

兴奋剂的诱惑

这种刺激，首先有对毒品本身的好奇，其次有享受兴奋的快感。在享受这种刺激时，大脑会将肾上腺素（Adrenaline）与多巴胺（Dopamine，引起快感的物质）同时释放。

许多人为了享受大脑释放出多巴胺所带来的快感，而尝试攀岩运动或直升机滑雪等刺激的极限运动（Extreme Sports）。多巴胺具有难以估量的诱惑力。

在日本，被非法使用的毒品中占比最多的是兴奋剂。2017 年，在因滥用药物或毒品而被捕的 14 019 人中，因使用兴奋剂被捕的就有 10 284 人，占总人数的 73%。

使用兴奋剂后，我们的大脑会变得异常兴奋，并伴有头脑清晰、身体有活力的感觉，甚至让人产生即使不睡觉也能继续工作的错觉，兴奋剂也能增进性生活中的快感，此外还有降低食欲，除了有节食减肥的作用外，还能让人获得满足感和恍惚感，从而缓解压力。

这便是兴奋剂的诱人之处，它表面好似可口的蜜糖，但其实是让你万劫不复的陷阱。

逃不掉的毒瘾和戒断症状

如果受兴奋剂的"甜头"所蛊惑而染上恶习又有怎样的后果呢？首先，它带来的刺激效果会逐步降低，即使与以前的摄入量相同也无法获得相同的快感。这就是"耐受性"的状态。为了获得与以前一样的效果，"瘾君子"们就必须加大摄入量。在出现了耐受性状态，又不断加大摄取剂量的过程中，他们会逐渐加重"毒瘾"，一旦没有兴奋剂的刺激就会痛不欲生。

如果长期依赖兴奋剂并持续摄入的话，大脑的神经细胞就会受到损伤。神经细胞与神经细胞之间连接部位被称为突触（Synapse），许多突触相互连接构成了回路（也称为神经回路）。记忆力、理解力、意志力和判断力存在于这个回路之中。当神经细胞受到损伤的时候，突触会消失，回路受到损坏，所以必然造成记忆力、理解力、意志力和判断力的下降。

当人们认识到这些后果的严重性之后，想要下决心戒毒却已经为时已晚。因为随之而来的是开始出现情绪抑郁、焦虑易怒、颤抖和抽搐等戒断症状。

戒断症状，永远不会放过那些曾经吸食毒品的人，所以戒断症状又被喻为"毒品之鞭"。在滥用毒品享受刺激之后，后遗症带来的痛苦必定来袭。与其说吸毒者继续吸毒是为了获得快感，不如说是为了逃避戒断症所带来的痛苦，完全变成了毒品的奴隶。

既然如此，人类又是否应该过禁欲的生活呢？

人为追求快感而活

有一种说法，即世人应该过禁欲的生活，而寻求舒适、享受快乐是修行不足的人所为。听起来像是很有思想的观点，但是从脑科学的角度来看，这种认识似乎有错，理由如下。

脑干位于大脑的最深层部位，控制人的呼吸、脉搏、血流速度、排汗和体温等人的基本生理功能。脑干中的下丘脑（Hypothalamus）让人产生为生存进食的食欲和为人种延续而繁衍后代的性欲。

因为欲望产生于大脑的最深处，只要人还活着，欲望就不会消失。因此欲望不是靠修行就能够消除的。

人为追求快感而活，但并非所有人都想从挑战极限运动中寻求快感。在运动会上获得了一等奖的孩子既欢喜又兴奋。达到了目标便有满足感，获得成功受到称赞会感到很高兴，美食入口后会感觉很幸福。由此可见，无论是孩童 还是成人，都是在为追求快乐和满足的感觉生活。

快感和满足感基本上来源于味蕾的满足、性欲、抚养孩子、关爱他人、坚苦学习练就技能、去爱一个人、帮助有困难的人、设定目标并努力取得成就等。此外，人们通过理解某些事物、解答至今的未解之谜等知性活动也 能够获得很大的成就感。这样看来似乎人们正是为了获得这些成就感才去学习的。

通过这些举动，可以在不摄取非法药物毒品的情况下，就能获得快感和满足感，激活大脑中的幸福感机制。我们可以认为，通过这种机制发育成熟的人群才能更好地生存下来，这群人类就是我们的祖先。

这种机制被称为奖赏系统（Reward System）。当我们有了快感的时候，大脑中的这个回路即由一种叫多巴胺的快感物质在活动。那么，奖赏系统位于大脑的哪个区域呢？

奖赏系统和多巴胺

1953 年，麦吉尔大学（McGill University）的博士后研究员詹姆斯·奥尔兹（James Olds）和研究生彼得·米尔纳（Peter Milner），偶然发现了奖赏系统。下面介绍一下他们做的实验过程。首先，将一个直径为几微米的微小电极植入实验大鼠的头部，并将该电极连接到踏板上，当实验大鼠自己踩到踏板时，电流就会从电极流入实验大鼠的脑内。

随之，把插在实验大鼠头部的电极逐次移动几毫米后，意外的是实验大鼠开始主动地反复去踩踏板了。就这样科学家们发现了边缘系统存在的特殊部位。边缘系统位于大脑中层，是产生感情的区域。边缘系统的伏隔核（nAcc）则是产生行为的动机和活力的大脑组织，释放带来快感的多巴胺物质。

实验大鼠多次去踩踏板，是为了获得快感。这就是"奖赏系统"的含义。当实验大鼠多次踩踏板的时候，位于大脑边缘系统的奖赏系统就会从伏隔核释放出多巴胺并如此循环往复。这种从伏隔核释放的多巴胺，便是毒品滥用、药物依赖症和食物依赖症等许多成瘾病的关键。

大脑释放多巴胺的神经细胞被称为多巴胺神经系统。它始于中脑侧面的腹侧被盖区（VTA），并穿过决定边缘系统判断好恶的杏仁核（Amygdala）和产生活力的伏隔核，到达占额叶（Frontal Lobe）大部分的前额叶皮质（PFC）（图4-1）。

具体来说，即多巴胺神经系统连接到控制人类本能的脑干、控制感情的边缘系统，以及控制判断、预测、观察、推理等的前额叶皮质。这就是吸毒或滥用药物对大脑产生各种各样影响的原因。

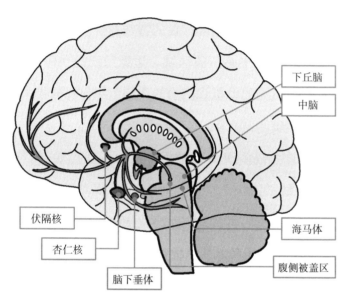

图 4-1 多巴胺神经系统在大脑的分布

多巴胺神经系统始于中脑侧面的腹侧被盖区，穿过杏仁核和伏隔核到达前额叶皮质。当多巴胺环绕奖赏系统活动时就能产生快感。

"upper" 和 "downer" 都能带给人快感

无论是滥用药物或吸毒，这些行为的主要目的在于获得快乐。兴奋剂、可卡因和摇头丸等"upper"（兴奋剂）会刺激大脑，让大脑兴奋起来，激发大脑活力，这点很容易成为人们吸食毒品的诱因。这会让有些人误认为大麻、吗啡、海洛因和酒精等类似"downer"（镇静剂）类毒品或药物能抑制产生活力，让人情绪低落。

然而这是一种误解。无论是"upper"还是"downer"，都同样具有让吸毒者产生快感和暂时释放情绪的效果。无论是让大脑兴奋还是抑制大脑兴奋，摄入毒品都会激活边缘系统中的奖赏系统，从而自伏隔核中释放出快感物质多巴胺，让人有舒适的感觉。"瘾君子"们吸毒的目的之一便是获得快乐和舒适的感觉，而无论是摄取兴奋剂还是镇静剂都能达到这个目的。

当多巴胺环绕边缘系统中的奖赏系统活动的时候，人便会陶醉于舒心愉快的世界。为获得这种快感而完全离不开毒品的时候，人即意味着已经成了毒品的奴隶。

酒精的危害

兴奋剂、可卡因、摇头丸、致幻剂和大麻等无疑都是违法的毒品，它们会使人染上毒瘾，且侵蚀人的大脑和身体。此外，我们还需要对酒精也保持警惕。其实酒精比大麻更容易使人上瘾，但它却是合法的。日常生活中我们随时随地都能轻易买到啤酒或白酒，即便是未成年，恐怕也能买到酒精类饮品。喝酒通常被人们认为是一种嗜好，但酒精对大脑，尤其是对前额叶皮质机能有抑制作用，所以酒精也被称为"合法毒品"。

酒精会给人某种情绪释放的感觉，也可以暂时缓解焦虑，长期过量饮酒会使人对酒精产生依赖，变成酗酒更有甚者会因此而自杀。

毒品犯罪再犯率高

我们常认为艺人是公众人物，行为举止更容易引人注意，所以应该不容易买到毒品，但是很遗憾，名人吸毒的案件也是屡见不鲜。由此可见，日本是一个对毒品把控不严格的国家，所以无论是艺人还是普通人都能很轻易地得到毒品。

吸毒一旦被发现就会被逮捕，在被捕的时候毒犯常会保证或发誓永远不再吸毒，可是又屡屡再犯而后再被逮捕。曾经有一位日本艺人因多次服用兴奋剂和可卡因而被警方抓捕。他也曾进入过戒毒康复机构"Drug Addiction Rehabilitation Center"专心戒毒，并且还作为志愿者参与了五年宣传戒毒的活动。但是现实令人感到遗憾，最终他又走上了"复吸"的道路。

有人指责他屡教不改，但是，他也曾经不懈地付出了巨大的努力，并参与了戒毒宣传工作，在五年间没有因吸毒而被捕，这一点是值得肯定的。但我认为戒掉毒品不能单靠坚强的意志力。

歌手清水健太郎也曾多次因使用兴奋剂和合法麻醉药而被捕。前奥运体操选手冈崎聪子因吸食毒品竟被捕达十余次。她被逮捕送进监狱接受教育，受到惩罚后，出狱后再吸食毒品，反反复复，始终没能成功戒毒。

在各国吸毒犯罪的复吸率都很高，有报道称，毒品复吸率高达 40% 至 60%，而日本甚至更高。日本警视厅的 2019 年报告称，日本的兴奋剂犯罪再犯被检举嫌疑犯达 8 584 人，再犯者达 5 687 人，再犯率高达 66.3%。

为什么日本的毒品犯罪再犯率如此之高呢？是否因为日本人的意志特别薄弱呢？绝对不是。此外，正如我在前文中所述，一个人即便能在竞争激烈的娱乐界和体育界取得一席之地，也未必能抵住吸毒、复吸的诱惑。有人认为，日本对"复吸者"太过宽容，才导致戒毒成功率低，而我并不这样认为。

表观遗传学下的依赖症

为什么说毒品犯罪容易复发再犯呢？让我们从生物学的角度来分析一下。当人吸食了药物毒品之后，就会从伏隔核释放出多巴胺环绕奖赏系统活动，让人产生舒适的感觉。这说明"瘾君子"们既是为了寻求快感而复吸，也是为了避免戒断症状的痛苦而复吸。然而，这却很难使人接受。

原本依赖药物或毒品所获得的快感是暂时的。因为摄入的药物或毒品经过体内代谢被排泄出人体外快感便消失了。如果在一定的时间内不再使用药物或吸食毒品的话，戒断症状也会消失。

所以我不得不再次提出这个疑问：为什么吸毒者在成功地戒毒几个月或几年之后，仍会再次吸食毒品呢？

很多人虽然成功戒毒了许多年，却仍会在不经意之时再次开始重新接触药物或毒品。于是，大众便开始指责其："屡教不改，违背自己的承诺，说明此人的意志力薄弱等。"

其实，引发复吸关键在于不经意的诱惑。据日本法务省（司法机关）2020 年发布的犯罪白皮书统计，根据对使用兴奋剂的囚犯（462 名男性和 237 名女性）的问卷调查可知：

对"什么情况下会想要再次使用兴奋剂或吸食毒品时"的问题，回答"在遇到了吸毒旧友时"的人数最多，男性占 60.6%，女性占 53.2%；其次的回答是"吸毒旧友联系自己的时候"，男性占 52.2%，女性占 48.5%。"遇见了吸毒旧友"和"吸毒旧友的联系"成为最主要的复吸诱因，它们都能引发吸毒者对过去吸毒经历的联想，致使他们再次吸食毒品。因为一旦摄取了药物或毒品就会有奖赏反馈，并与当时使用的注射器、针头、铝箔、打火机和刀具等吸毒工具（Queue，暗示）构成了联想学习的条件，所以当看到或听到有关这些道具的关键词时，这种联想学习效果就会出现，使他们的大脑回想起吸食药物、毒品的往事。

因此，我们不得不承认，吸毒者再次染毒并非因为单纯意志薄弱，而是他们的大脑已在发生着某种巨大的变化，而且这种状态仍在长久地持续。这种联想学习，就是比较有代表性的变化。

综上所述，促使大脑发生变化的首要因素可能是表观遗传。或许吸毒者的大脑因摄取药物毒品引发了在读取基因方式的变化，这自然也属于表观遗传。所以我们需要从表观遗传的视角探讨药物依赖症的问题。

兴奋剂与可卡因

虽然在日本最多的毒品犯罪是使用兴奋剂，但在本书中也会对可卡因的研究做介绍。理由如下：滥用药物、毒品是威胁人体健康的一个重要因素，在世界各地，许多科学家都在竭尽全力地研究产生毒瘾的机制。

无论是可卡因还是兴奋剂，都能刺激大脑兴奋并产生快感。

两者都作用于神经细胞，并释放出大量神经递质，如去甲肾上腺素（Norepinephrine）、血清素（Serotonin）和多巴胺，并发出巨大的兴奋信号，使人沉溺于异常的兴奋和快感的洪流之中。兴奋剂与可卡因在效果以及效果的表现形式上极为相似，但是可卡因比兴奋剂的效果更强烈，更容易使人上瘾，对健康的危害也更大。

在兴奋剂中有苯丙胺（Amphetamine）和甲基苯丙胺（Methamphetamine）两种物质，在美国，它们都属于可以从医院开出处方的药物。苯丙胺主要用作发作性睡眠症

（一种不选择时间和地点突发强烈的嗜睡，导致一天过度睡眠的疾病）、ADHD（注意力缺陷、多动障碍）和肥胖症的处方药物。甲基苯丙胺用于治疗多动症。可卡因除了在极少数情况下被用于局部麻醉之外，其他使用用途几乎都是非法的。

因此，在美国不论是针对药物依赖症的研究，还是从表观遗传学角度对药物依赖的研究，对可卡因的相关研究总是远多于对兴奋剂的研究，因此可卡因的相关研究成果更具信服力。

吸食可卡因会引起表观遗传

让我们从表观遗传的角度探讨一下药物依赖症吧。最有代表性的学者是美国西奈山伊坎医学院（Icahn School of Medicine at Mount Sinai）的张锋（Feng Zhang）博士和爱里克·涅斯拉（Eric J. Nestler）教授。他们于 2015 年发表了摄取可卡因在脑内引起表观遗传的报告，下面介绍一下这份报告的内容。

他们先将可卡因反复地注射进实验鼠的大脑，在 24 小时后检测伏隔核中一种叫 TET1 酶的基因时，发现 mRNA

和 TET1 酶表达都降低了。此外，他们在研究因可卡因中毒导致精神错乱而自杀的受害者大脑时发现，伏隔核的 TET1 基因的表达（一般是通过测量 mRNA 的量来确定）与非可卡因中毒的死者相比大约降低了 40%。

已知伏隔核是边缘系统释放多巴胺并产生快感的源头，但是对于 TET1 酶尚有许多未解之处，至今的研究只能证明它在大脑中含量丰富，并且可以从 DNA 甲基化胞嘧啶中去甲基。简言之，即 TET1 酶促进 DNA 的去甲基化。

在此请回想一下表观遗传的定律，即 "DNA 甲基化关闭基因表达，DNA 去甲基化开启基因表达"。

原本用来去除伏隔核中甲基的 TET1 酶的表达在减少后，DNA 甲基化有所增加，多巴胺基因表达将会被关闭。然而，科学家们在实际观察中发现，甲基化减少，多巴胺基因表达则是开启的状态。这一观察结果与预期的结果完全相反。这只能说明两种情况，一、我们尚未完全了解 TET1 酶的功能；二、实验小鼠在摄取了可卡因后大脑发生了某些未知的变化。

TET1 酶可降低吸食可卡因带来的快感

当可卡因反复地注射进实验小鼠的大脑时，大脑中的 TET1 酶不断减少，这又意味着什么呢？并且，TET1 酶在摄入了药物、毒品后获得的奖赏又起到了怎样的作用呢？

为了解答这个疑问，科学家们采用了调查实验动物对两种物质的嗜好程度时经常做的"条件性地点偏好测试"。

首先准备一个将两个不同的小屋连起来的通道，让实验小鼠可以自由地往来于两个小屋之间。在一个小屋给实验小鼠注射可卡因，而在另一个小屋给实验小鼠注射生理盐水（图 4-2）。如此将可卡因的奖赏和暗示（Queue）信号联系起来。实验小鼠会在能给自己带来快感的小屋待更长时间，如果不喜欢，就会在两个小屋待大致相同的时间。至此，科学家们已经做好了调查 TET1 酶在摄取药物、毒品后获得奖赏中发挥何种作用的准备。

结果：首先，基因敲除小鼠相比于普通的实验小鼠，在注射可卡因的小屋待的时间要长。其次，使用基因工程技术制备了无法在伏隔核中合成 TET1 酶的小鼠（称为基因敲除小鼠），并且，在"条件性地点偏好测试"中，将

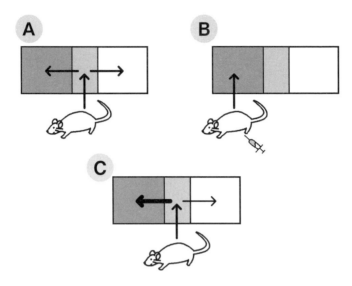

图 4-2 有条件场所的嗜好实验

A 将药物注射到实验小鼠体内。如果实验小鼠不喜欢就会在两个小屋待大致相同的时间。

B 对实验小鼠在同一个小屋反复地注射可卡因。

C 实验小鼠在被反复地注射了可卡因的小屋待更长时间。根据停留时间长短，用一只基因敲除小鼠（Knockout Mouse）与一只普通的实验小鼠做比较。

基因敲除小鼠与普通的小鼠做比较，基因敲除小鼠在被注射了可卡因的小屋待的时间要长得多。换句话说，基因敲除小鼠远比普通的小鼠更喜好可卡因。因此，实验证实了TET1 酶是摄取可卡因的"刹车"机制。最后，将 TET1 酶注射到基因敲除小鼠的伏隔核中后，待在注射可卡因的小屋的时间也随之减少了。这就证明了，基因敲除小鼠对可卡因的依赖明显地降低了。从这些实验的结果中发现，TET1 酶能够降低小鼠从摄取可卡因中获得的快感。

表观遗传会导致毒品依赖

将可卡因反复地注射到实验小鼠的大脑中，会降低伏隔核中 TET1 基因的表达。在可卡因中毒自杀者的伏隔核中，TET1 基因的表达也是被降低了的状态。这些意味着无论是实验小鼠还是人，长期摄取可卡因的话，就会降低大脑中 TET1 基因的表达，并增强摄取可卡因后的快感。因此可以将可卡因看作引发药物依赖症的高风险之一（图 4-3）。

假如你特别喜欢吃薯片，能做到只吃一片就住口吗？应该很难停下吧。大脑会发出指令，让你一片又一片地不停地吃，直到不知不觉全部吃完。这还只是吃薯片的例子。

TET1酶能降低摄取可卡因后的快感。

图 4-3　反复摄取可卡因导致可卡因依赖症

更具刺激性的是可卡因。如果实验大鼠反复摄取可卡因，那么对可卡因的依赖度就会增加。吃完袋子里食物的实验小鼠会想去吃下一个袋子里的食物。

通过摄取可卡因，大脑释放出多巴胺而获得的快感是暂时性的。然而，反复地摄取可卡因，则会导致表观遗传增加大脑对可卡因的依赖，并且这种依赖会持续下去。这就是药物毒品犯罪的再犯率高的关键。

即便吸毒者有强烈的戒毒决心，也还是容易复吸，而这很大程度取决于表观遗传。

吸食可卡因会对下一代造成影响

令人惊讶的是，可卡因不但会改变吸毒者大脑的基因，而且这样的影响能持续几个月。如果我告诉各位"一旦一位父亲吸食了毒品、可卡因，将影响他后代对毒品的感受性"，大家会有什么反应呢？大多数人可能会想："这应该是不可能的吧？"

而这种想法是错误的。美国宾夕法尼亚大学（University of Pennsylvania）的研究生费阿·瓦索拉（Fair Vasorer，现任塔夫茨大学教授）与罗伯特·皮尔斯（Robert Pierce）教授，在 2013 年针对吸毒给后代的影响发表了一篇论文。下面介绍一下这篇文章的具体内容。

　　首先，将一只雄性实验大鼠放进小屋，它只要按压扳手就能给自己注射可卡因到大脑（图 4-4）。像这样让实验大鼠主动摄取可卡因，并在 60 天内达到对可卡因需求的高潮。

图 4-4　让实验大鼠按压扳手向自己的大脑注射可卡因

　　之所以设定 60 天，是因为实验大鼠产生新的精子需要60 天的时间。这次实验的目的是验证可卡因对实验大鼠精子所带来的影响，以及这只实验大鼠的子代鼠对可卡因的感受是否会受到影响。

在 60 天后，让雄性实验大鼠与没有染毒（无毒品感染）的雌性实验大鼠交配，然后他们的子代鼠，进行可卡因感受性测试。

实验结果如下，将主动摄取可卡因的实验大鼠的雄性子代数、雌性子代鼠与没有染毒的实验大鼠的子代鼠做比较，当让子代鼠们再去自主按压扳手摄取毒品时，父辈沾染毒品的子代鼠自己去按压扳手摄取可卡因的次数明显减少。例如，染毒亲代鼠所生的雌性子代鼠与未染毒的亲代鼠所生的子代鼠，按压扳手的次数大约为 150 次，而染毒的亲代鼠生下来的雄性子代鼠则是大约 100 次。

染毒的亲代鼠所生的雄性子代鼠，与对照组做比较，不仅可卡因的摄取量较少，而且达到相同程度的依赖状态需要的时间也更长。

所以科学家们得出如下结论。如果雄性实验大鼠吸食过可卡因，其雄性子代鼠对可卡因的感受性明显降低，也不太容易出现对药物依赖的状态。但不知道为什么，这种现象没有在雌性子代鼠身上出现。这方面问题尚待今后的研究。

实验大鼠虽然只吸食了可卡因两个月，但仅这段时间就足以改变雄性大鼠后代的生理状态和行为。在对这项研究的结果深感好奇的同时我也有些震惊。

当我们在思考自己的行为时，往往只关注行为本身，没有人意识到我们的行为居然能通过表观遗传影响到子代。但从现在开始，我们有必要思考亲代的行为对子代的影响。

BDNF 可降低可卡因带来的伤害

那么，对可卡因的感受降低了的子代鼠的大脑发生了什么变化呢？关键在于 BDNF 。BDNF 就是脑源性神经营养因子（Brain-Derived Neurotrophic Factor），它是几种大脑生长因子中最重要的一种。因为 BDNF 有助于神经细胞生长，并有助于神经细胞之间合成突触（Synapse）。当神经细胞各自通过突触进行交流时，BDNF 得到增加，这种交流也会随之变得更加顺畅。

瓦索拉和皮尔斯教授发现，在主动吸食过可卡因实验鼠的雄性子代鼠脑内（掌控决策和行为的前额叶皮质），BDNF 蛋白质和 mRNA 均有所增加。由此可见，这能让子代鼠更容易控制自己对可卡因的欲望。

随之，科学家们在进行雄性子代鼠的脑内表观遗传调查时发现，在前额叶皮质的 BDNF 基因的启动子上，组蛋白有明显的乙酰化。可见，组蛋白的乙酰化使 BDNF 基因表达上升，并产生了大量的 BDNF。

精子传播的表观遗传

是否由于 BDNF 作用力上升，才让雄性子代鼠按压扳手的次数减少的呢？BDNF 通过与其受体结合而发挥作用。所以，当注入能够防止 BDNF 与其受体结合的 ANA-12 拮抗剂后，原本按压扳手次数减少了的雄性子代鼠，会再次恢复原来的状态。由此可见，脑内产生的大量 BDNF 有降低可卡因效果的作用。

那么，实验鼠是如何将摄取可卡因的快感降低的信息传给雄性子代鼠的呢？（尽管亲代实验鼠自身并不具有这个性质。）

其实关键在于精子。科学家们分析主动吸食可卡因的雄性实验大鼠的精子基因时发现，在 BDNF 的启动子中发生了组蛋白的乙酰化，这最终开启了子鼠前额叶皮质中 BDNF 基因的表达。

这一研究表明，吸食药物、毒品不仅影响本人，而且还会将对药物毒品的成瘾信息传给后代。

对食物的欲望是在无意中习得的

　　人为什么会有食欲呢？只是因为肚子饿了吗？请读者们想象一下。当你看到最喜欢的咖啡店和快餐店的招牌或商标时，大概会不自觉地走过去，而且即使肚子还没饿也会想买些什么吃吧。

　　人类似乎对食物有生理上的反应，每当看到食物或闻到美味食物的气味时，胃就会分泌用于消化食物的消化液。所以食品公司精妙的广告手法，恰恰巧妙地利用了这种反应。

　　与其说食欲是一种单纯的生理反应，不如说它是一种复杂反应。例如，只是看到了某种食物的商标等就能增强你的食欲。星巴克的商标本身并没有饮料的标示，但还是能吸引顾客购买。

　　这是为什么呢？因为人在无意中将象征性的暗示（Queue）与食物（奖赏）联系到了一起，并在日常生活中加以利用。将暗示和奖赏配对记忆，这被称为"联想学习"。而通过联想学习，我们在无意中看到或听到了某种标示的暗示后，便会期待得到奖赏。

条件反射——将暗示与奖赏结合起来的联想学习

在介绍脑内的变化之前，我先来为各位介绍一下科学家是如何通过做经典的"巴甫洛夫的狗"的实验发现了联想学习的。

当狗看到了食物（奖赏）的时候，就会流出口水来。这是自然发生的生物反应。但是当狗只是听见了铃声（暗示）是不会流口水的。因为食物（奖赏）和铃声（暗示）没有形成联系（联合）。

苏联生理学家伊万·巴甫洛夫博士，设计了一个实验，他在每次制造铃声（暗示）后就给狗喂食（奖赏），并反复地训练。不久后他有了意外的发现，在训练后期，只要有铃声响起，狗就会流口水。

巴甫洛夫根据这一实验得出了结论。即狗将铃声的暗示与食物的奖赏联系起来学习，而且这种学习是在无意中进行的，并在进化层面上给其带来了利益。因为当暗示出现的时候，胃就会为即将进食做好消化准备。

并且这样的效果还不仅限于狗，人也在做着相同的学习。即我们在无意中将用文字或照片等标示的品牌作为"暗示"与产品的"奖赏"联系起来学习，就是"联想学习"。

因此，星巴克商标上的双尾美人鱼，即变成了一种强烈且具备了条件的暗示从而勾起人们的食欲，使我们有了购买咖啡的冲动，并将暗示和奖赏做了联想学习。

前文提到过，对于吸食过毒品的人来说，"遇见了吸毒旧友"或"接到了吸毒旧友的联系"即构成了暗示，吸食毒品则相当于"奖赏"。过度的食欲与对毒品的渴望，在构成机制上极为相似。

暗示引起了对奖赏的渴望，此时在脑内发生了怎样的变化呢？

在暗示与奖赏配对中缺少不了表观遗传

由于人类的行为较复杂所以难以作为实验的对象，但是可以通过对实验大鼠来研究证明暗示与奖赏的关系。从脑科学的角度来看，腹侧被盖区的多巴胺神经系统在奖赏和目标指向的行为上起到了核心的作用。

也就是说，当暗示刺激了腹侧被盖区时释放出多巴胺后，伏隔核又会吸收这些多巴胺，因此会在无意中产生渴望的动机。联想学习的关键在于多巴胺（图4-5）。

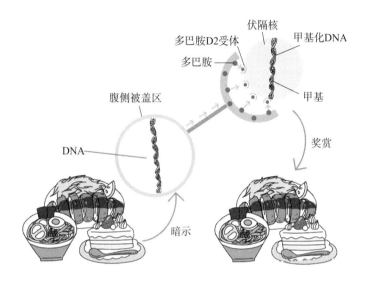

图 4-5　腹侧被盖区的多巴胺神经系统引发渴求奖赏行为

将暗示和奖赏联系起来的联合学习，需要多巴胺 D2 受体基因的甲基化。此时 D2 受体的产生也减少了。

2013 年，阿拉巴马大学（University of Alabama）杰瑞米·戴伊（Jeremy Day）教授的研究小组，在一项对实验大鼠的实验报告中指出，形成联想学习需要在腹侧被盖区的 DNA 甲基化。下面介绍一下具体内容。首先对实验大鼠用声音作为暗示，并以糖水作为奖赏，做了巴甫洛夫式的条件反射实验。即通过听声音和喂糖水构成一组暗示和奖赏，让实验大鼠进行联想学习。而另一组实验大鼠并没有专门给予暗示和奖赏的配对条件。

随后，在检测这两组实验大鼠的腹侧被盖区的基因时发现，在声音和糖水配对的实验组，明显地发生了DNA甲基化，而没有配对条件的实验大鼠组则没有发生DNA甲基化。

那么，在做联想学习的时候，腹侧被盖区的DNA甲基化是不可或缺的吗？为此，在实验大鼠的腹侧被盖区注射了干扰DNA甲基转移酶作用的RG108抑制剂，结果联想学习便没有发生。由此科学家们证明了，腹侧被盖区的DNA甲基化是形成联想学习不可或缺的要素。

然而目前尚不清楚DNA甲基化是如何激活多巴胺神经系统，并促使形成联想学习的。我们只能期待今后的研究有新的进展。

多巴胺受体与依赖症

每个人都是在无意中将暗示和奖赏联合起来学习的，但是这并不意味着所有的人都是在为了得到奖赏而开始行动。不过，某些人受到暗示的时候还是忍不住去要求得到奖赏。其根源在于多巴胺的功能和多巴胺的受体。

我们可以把多巴胺看作对食物渴望的奖赏货币。多巴胺要发挥效用，首先必须让多巴胺与其受体结合起来。目前，已知的多巴胺受体有 5 个种类，其中与依赖症有联系的主要是被称为多巴胺 D2 受体。

当 D2 受体减少时，会导致前额叶皮质和边缘系统出现异常。通常 D2 受体作用于前额叶皮质，用于抑制过度的兴奋。因此，当 D2 受体的数量减少时，比如，在过量饮食的时候停止进食和在白天不喝酒等方面，大脑的抑制力将会失效。这就是说，当 D2 受体的数量减少时，就可能引发食物依赖症和药物依赖症的加速器。并且当边缘系统缺乏 D2 受体时，就会有快感不足的感觉。因此，D2 受体一旦减少，就容易引发对食物和药物依赖的症状。

过食症、药物依赖症与表观遗传

关于过食与 D2 受体的表达的研究，2010 年，美国佛罗里达州斯科利普斯研究所（The Scripps Research Institute）的保罗·约翰逊（Paul Johnson）博士和保罗·肯尼（Paul

Kenny）博士（现为西奈山伊坎医学院教授），在用实验大鼠做实验的研究中，获得了"根据食物品种的不同，脑内的 D2 受体的表达也会发生改变"的突破性发现。

科学家们从这项研究中发现，如果 D2 受体生成量少的话，就会迫使人们产生对食物的需求，如果在高脂和高糖的美食环境中，则 D2 受体的表达会明显降低。与此相同，在酒精、毒品、可卡因和兴奋剂等毒品依赖症患者身上也证实了这一点。

当脑内缺乏 D2 受体时，奖赏系统的活性便会降低，人们会缺乏快感。过食症患者的过食与毒品依赖症患者不能戒毒，也可以理解为他们是为了弥补这种快感缺失才会出现这种情况。

我们常认为肥胖的人意志薄弱、缺乏自制力，但这种看法是错误的。肥胖是因为大脑的奖赏系统未能充分地发挥作用，为弥补由此导致的快感欠缺而过量饮食的结果。过食与药物依赖症的发生方式相同，所以类似"此人意志薄弱"或"邋遢、不肯面对问题"的批评，对过食症和药物依赖症患者来说都有失偏颇。

同时科学家们还发现依赖症不但与 D2 受体的表达

有关，并且受表观遗传所控制。2016 年，密歇根大学
（University of Michigan）雪莱·弗雷格尔教授的研究团队，
以可卡因依赖症为例证明了这一点。

他们从控制 D2 受体基因表达的启动子入手，研究了
甲基化的程度，获得了以下两个发现。

· 当启动子的甲基化增加时，D2 受体基因表达则会
 降低。
· 当启动子的甲基化增加时，在暗示的诱导下对毒品
 （可卡因）产生渴望，即依赖倾向增强。

如此，由于决定 D2 受体基因表达的启动子的甲基化
过程降低了 D2 受体的表达，并降低了奖赏系统的活性化
和增强了依赖性倾向，这一点得到了证明。因此，表观遗
传与药物依赖症和过食症均有联系。

例如，肥胖的人在享受美食时，大脑的奖赏系统活动
不如身材苗条的人活跃。当奖赏系统活性化低下时，即使
吃了很多食物也不能获得满足感。于是，肥胖的人为了获
得满足感便会更多地摄取高脂和高糖的美味食物。

试想一下，为什么可卡因中毒者脑内的 D2 受体基因的表达是明显降低的状态呢？可卡因中毒者脑内的边缘系统释放出大量的多巴胺，从而产生快感。当 D2 受体被过度地刺激、大脑过度地兴奋时问题就发生了。过度的兴奋会造成神经细胞损伤。所以人体为了抑制大脑过度兴奋，只能试图通过减少 D2 受体尽量适应。

利用表观遗传的减肥窍门

体重增加的原因之一是我们几乎可以无限量地买到高脂和高糖的食物。例如，甜面包、甜点、拉面、比萨、炸薯条和乳制品等。如果经常过量地食用这些食物的话，便会降低脑内 D2 受体基因的表达，人们就会强迫性地去贪食更美味的食物。

加之，这些食物饮料的商标和照片等不时地在诱惑着我们。高脂和高糖的食品什么时候都能买到，而且这些食品的商标也无处不在。这就是我们日常的饮食环境，所以我们随时都有患上过食症的可能。

但是，人类患过食症也并非必然。因为人与人各自都有不同的奖赏系统机制，它是在形成当今特殊的饮食环境之前就存在的先天性系统。

人类本来应该能控制对咖啡因的需求，但是当看到了咖啡店的招牌和商标时这个系统就被击溃了，它会在潜意识中暗示你需要买一杯咖啡。现在我们已经认识到了这个事实。

只要将暗示与奖赏切割开来，或做好自我控制，就能够避免产生那样的渴望。当再次看到了食物招牌时，反而会坚定"我不能吃太多""要抵制这种欲望"的决心，从更高的层次向奖赏系统传送认知信号。

第五章

表观遗传与抑郁症

抑郁已成为国民病

压力大会导致情绪低落、沮丧或消沉。当你的内心
（情绪或感情）总感到失落，那就是一种"抑郁"的情绪。
抑郁是一种我们对人生各类事物的自然回应，并不随我们
主观意愿而改变。

在日常生活中偶尔会有些沮丧的状态，这自然并非疾
病。只要知道情绪低落的原因，并将其排解之后就能恢复
正常。但是，有时候，我们即使排除了造成情绪低落的原
因也不能恢复如常。如果出现这种状况就可以考虑自己是
否已经患上了精神性疾病层面的"抑郁症"。"抑郁"是一
种心情，而"抑郁症"才是疾病。

抑郁症伴随有强烈的悲伤和失望感，所以感觉不到快乐，意欲低落，对任何事都没有兴趣和不在意，处于一种难以言喻的沮丧的精神状态中。总之抑郁症是缺乏活力、身心缺乏能量的状态。

那么，有多少人在承受着抑郁症之苦呢。据美国的一项调查统计，有 7.1% 的人在一生中的某个时期有被抑郁情绪所困扰的经历，其中男性为 5.3%、女性为 8.7%。这其中又有半数的人曾有过两次或更多次患抑郁的经历。但是抑郁症不仅仅是美国国民的问题。

日本的厚生劳动省公布，日本人一生中产生抑郁情绪的概率为 3% 至 16%。此外，据该政府机构于 2017 年公布的统计数据，每年因抑郁症（情绪障碍列入统计对象，也包括躁郁现象）前往医院精神科就诊的人达 127.6 万人次。

据说这个数字只统计了到医院的精神科接受治疗的患者，如果再加上没有到精神科就诊的人群，那么人数则能达到 300 万至 500 万人之多。显而易见的是，抑郁症已经成为现代日本的"国民病"。

人们一旦抑郁，就容易产生不切合实际的想法，容易把所有的事都搞砸。这种消极的情绪即抑郁症的特征之一。

一旦被这种情绪支配，我们就会变得伤春悲秋，生活中没有快乐，缺乏活力，有气无力，对任何事都不感兴趣，不能发挥出本来的能力，浪费人生中的宝贵时间。这不禁让人产生同情。

抑郁症是使人们身心俱疲且频发率高的疾病，也是目前让很多人深陷痛苦的疾病之一。许多抑郁症患者在接受治疗，通过服用抗抑郁药物和心理治疗来改善抑郁症状，但完全能治愈的人数不过半，因此科学家们仍在继续探索更有效的疗法。

尚未发现导致抑郁症的单一基因

鉴于与许多抑郁症患者有血缘关系的亲属也有抑郁症的状况，因此可推定抑郁症应与遗传有关系。父母和孩子的抑郁症患病率大约比对照群组高一倍。当拥有完全相同基因的同卵双胞胎中的一人患上抑郁症时，另一个人患抑郁症的概率大约为40%，而基因半数相同的异卵双胞胎都患病的概率大约为20%。

因此，过去很多科学家都认为抑郁症发病无疑与基因有关，而且一定有导致抑郁症发病的基因存在。

　　基于这种认识，世界各国的科学家都致力探索抑郁症的致病基因，但是尚未有新的发现。虽然我们拥有不少先进的设备能用来发现这些基因，而且科学家们已经完成了对所有的基因组的仔细调查，但是直到 2021 年 2 月，人们还是没有发现任何导致抑郁症的基因。因此科学家们得出了"并不存在任何导致抑郁症的单一基因"的结论。

　　如果说单一基因不会引发患者患抑郁症的话，那么究竟是什么原因导致抑郁症发病的呢？这里有一个新颖且合理的假想，即单一的基因不会引发抑郁症，但几种基因集合在一起时，则容易患抑郁症。

　　可以理解为，容易患抑郁症的人，处于高压环境下才会发病。可是即便感受了同样的压力，有些人会反应强烈，有些人则不会。例如，有些人在职场晋升后很高兴，有些人却因难以承受更多责任而痛苦。可以说，前者是"压力感受性"低的人，后者是"压力感受性"高的人。

　　抑郁症是在"压力感受性"与"压力"的相互作用下而发病的。"压力感受性"也可以解释为"对压力脆弱性"。

导致患抑郁症的压力

所有人都在承受着各种压力，一些人会消沉沮丧，而另一些人则不然。压力感受性强烈的人（承受力脆弱的人）就是抑郁症后备军。当然也有在压力感受性上不那么敏感的人。在压力感受性上存在着各人的差异，并且这种差异相当大（图 5-1）。

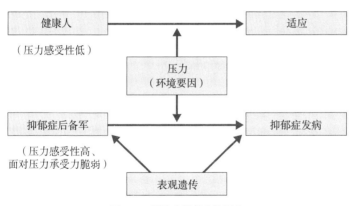

图 5-1　导致患抑郁的压力

压力感受性强的人，即便是感受到了轻微的压力也会出现抑郁症状，而压力感受性弱（抗压力高）的人则能承受得住压力。但是压力感受性弱的人在承受了极大的压力时也难免罹患抑郁症。

导致患抑郁症的最大危险因素是压力。我们生活在压力无处不在的现代社会，我们身处的环境就很容易让人患上抑郁症。

影响抑郁症是否发病的是压力感受性，而且来自基因的影响必然存在，但是否发病并不单由基因决定。

关键在于"调动哪些基因"。控制基因开启或关闭的表观遗传，对压力感受性有着极大的影响。

抗抑郁药之谜

抑郁症具有发病模式吗？虽然对此有人提出过几个假说，但至今仍然真相不明。本书从中选出了最有力的"压力说"和"BDNF 说"，但在论述之前，让我们先了解一下当今日本抑郁症临床的主要抗抑郁药。

在我们大脑内存在着超过 100 种神经递质。这些递质从一个神经细胞释放出来，并由另一个神经细胞接收，使信息得到传递。与情绪和活力密切相关的神经递质主要包括血清素、去甲肾上腺素和多巴胺等单胺类神经递质（Monoamine Neurotransmitter）。有种主张是：如果缺乏单胺类神经递质就会导致抑郁。也就是说，当缺乏单胺类神经递质时，人们就会情绪低落患抑郁症。抗抑郁药正是通过增加这些递质发挥效果的，这就是所谓的"单胺假说（Monoamine Hypothesis）"。

单胺假说很好地解释了以下观察结果。有些非活性蛋白质会吸收从单个神经细胞释放的单胺。当这类蛋白质起作用时会使脑内缺乏单胺而导致抑郁。而这种蛋白质的作用被抑制后，则能让大脑兴奋并改善抑郁的状况。

事实上，长期以来被当作抗抑郁药使用的三环类抗抑郁药，就是通过增加脑内血清素、去甲肾上腺素和多巴胺而产生效果。但是在服用三环类抗抑郁药，会出现如口干、排尿困难、视觉模糊等一系列的副作用，所以这种药物自然不受患者的欢迎。当三环类抗抑郁药与乙酰胆碱受体结合并阻断其活动时，便会发生这种副作用。这被称为抗胆碱作用。

只要消除了抗胆碱作用，就能消除该药物的副作用。因此，如今科学家们已经开发出了不与乙酰胆碱受体结合，仅对能够吸收血清素的非活性蛋白质有抑制作用的 SSRI（选择性 5- 羟色胺再摄取抑制剂），并且 SSRI 不作用于吸收去甲肾上腺素和多巴胺的非活性蛋白质。

如此，消除三环类抗抑郁药副作用的 SSRI 问世了，在日本甚至在全世界各地都成了热门。随着 SSRI 在治疗中被频繁地使用，便有人解释说，抑郁症是由缺乏血清素所引起的。这就是"血清素假说（Serotonin Hypothesis）"。

但是事情并非那么简单，尚有长期以来最大的疑问未能解开。在服用了抗抑郁药的几小时后，脑内的血清素就会增加，那么为什么服药几星期后才能生效呢？

事实上，在动物实验阶段，为实验动物注射抗抑郁药一小时后，它们脑内的血清素就会增加。血清素是一种情绪递质，假设因缺乏血清素就会导致抑郁，那么血清素一旦增加，就能治好抑郁症。既然如此，在服用抗抑郁药的几小时后，抑郁情绪就应该得到改善了。

然而为什么服用抗抑郁药后药效却需要如此长时间才能生效呢？正因如此，可以推断这很有可能与表观遗传有关。

患抑郁症时大脑发生的变化

精神和情绪受大脑的活动影响。事实证明，当患上抑郁症后患者情绪便开始消沉，大脑也随之出现相对应的变化。科学家对已故抑郁症患者的大脑与在世抑郁症患者的大脑进行了成像研究。这些研究表明，他们的大脑有几个部分出现了变化，并且在变化的程度上有差异。所以这种疾病很复杂，并且不同患者之间存在着很大的差异。

发生了变化的大脑区域包括掌控认知机能的前额叶皮质、负责记忆的重要部分海马体、处于边缘系统与情绪有关的杏仁核，以及掌控奖赏系统的伏隔核。表 5-1 总结了大脑发生的变化和受到的影响。

表 5-1　随抑郁症的发作可观察到大脑变化的区域

观察到变化的大脑区域	变化	影响
海马体的体积	缩小	记忆力削弱
前额叶皮质的体积	缩小	思考和判断力削弱
前额叶皮质与杏仁核的代谢	促进	胡思乱想、心神不宁
伏隔核的活动	降低	不易获得快感

众所周知，抑郁症会导致记忆、思维和判断能力下降，其原因之一，或许就是海马体和前额叶皮质的体积缩小了。一旦患上了抑郁症就会胡思乱想，例如"如果遇到靠自己的能力解决不了的事情怎么办"等问题。但不论如何绞尽脑汁，患者还是感到万分不安，甚至因此夜不能寐。看来

抑郁症促进前额叶皮质和杏仁核的代谢的见解确实很有道理。

此外，当罹患抑郁症时，我们会放弃曾经的喜好。例如，实验小鼠喜欢喝糖水，人类喜好园艺和外出散步，但抑郁症会"叫停"这一切。我们知道，伏隔核会根据奖赏系统的刺激，而释放快乐物质多巴胺，而抑郁会让伏隔核活性降低。抑郁症患者大脑的奖赏系统的活性会降低，正如本书第四章讲所述，同样的现象也会出现在过食症和药物依赖症患者的脑内。

那么基因层面也会出现同样的问题吗？要对此展开研究就必须首先制备抑郁症实验小鼠。

抑郁症实验

常用于研究抑郁症的动物模型是"社会失败抑郁模型"，这在学术上被称为"慢性社交挫败应激（Chronic Social Defeat Stress，CSDS）"。让我们具体看看这项实验吧。

将一只凶暴的小鼠与一只弱小的小鼠放在同一个笼子里5分钟，凶暴的小鼠便会开始攻击弱小的小鼠。在攻击约10分钟后，弱小的小鼠会遍体鳞伤，所以须将时间缩短在 5 分钟左右。随后将弱小的小鼠移到透明隔板的另一侧放置 24 小时。因为有隔板，所以两只小鼠不会直接接触，但还是会看到对方且能嗅到对方的气味。

让这种状态持续大约 10 天之后，弱小的小鼠会变得焦虑不安，且表现出很顺从的样子吱吱地叫，身体也缩成一团，甚至试图从笼子里逃出去。又过一段时间，弱小的小鼠会一动不动，不仅出现焦虑恐惧的情绪，甚至对曾经喜爱的糖水也失去了兴趣（图 5-2）。

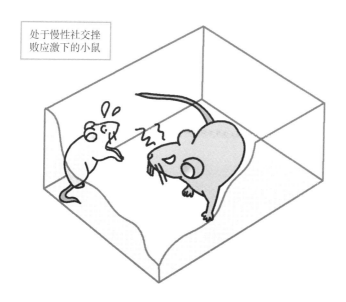

处于慢性社交挫败应激下的小鼠

图 5-2 制备抑郁症小鼠

最后我们可以诊断出这只弱小的小鼠在"慢性社交挫败应激"下罹患了抑郁症，与人的抑郁症的症状很相似，即感觉不到喜悦，意欲低落，对一切都失去了兴趣，缺乏活力等行为。就这样制备了一只抑郁症小鼠。

被人为制造出来的抑郁症小鼠真的会抑郁吗？为了证实这一点，科学家们让抑郁症小鼠服用了在人体临床上广泛使用的盐酸丙咪嗪（Imipramine，商品名 Tofranil）和盐酸氟西汀（Fluoxetine，商品名 Prozac）等抗抑郁药之后，小鼠的抑郁症状得到了改善。由此可知这只小鼠已处于"抑郁"的状态，如此便制备好了可用来做实验的抑郁小鼠。

大脑奖赏系统的基因状态

一旦罹患了抑郁症，即使遇到了快乐的事也感受不到快乐，缺乏快感。这是由于位于边缘系统中的奖赏系统的伏隔核不活跃，释放出来的多巴胺不足所致。

因此，当在检测抑郁症小鼠的伏隔核与多巴胺合成相关基因时发现，不但产生了组蛋白修饰，而且组蛋白的乙酰基也减少了。换句话说，即产生了组蛋白的去乙酰化现象，并且，导致脱乙酰化的组蛋白去乙酰化酶（HDAC）的生成也有所增加。

可见，一旦出现慢性社交挫败应激反应，抑郁症实验小鼠的奖赏系统中组蛋白的脱乙酰酶就有增加。因此染色质凝缩，不能从 DNA 转录到 mRNA，基因表达处于关闭状态。

在分子层面，HDAC 酶仅从伏隔核中多巴胺基因附近的组蛋白中脱去了乙酰基。仅此便导致抑郁的发生。这实在令人感到惊讶。

若想确认这是否是真相，只须向患上抑郁症的实验小鼠的伏隔核注射防止 HDAC 活动的物质（HDAC 抑制剂），随后观察实验小鼠的状态即可。

开启多巴胺基因可改善抑郁症状

事实上，将 HDAC 抑制剂（恩替司他）注射到抑郁症实验小鼠的伏隔核中，其抑郁症状便能得到明显改善。HDAC 抑制剂促进组蛋白的乙酰化，启动了大脑奖赏系统中的多巴胺基因，因此改善了抑郁症状。

这证实了抑郁症是由抑制一种基因的功能引起的，这种基因对激活奖励系统至关重要，而奖赏系统位于动物大脑中负责获得快乐的区域。抑郁小鼠的这种由压力引发的大脑变化，可通过使用抗抑郁药，使乙酰基结合到组蛋白上，并激活奖赏系统来进行治疗。

此外，奖赏系统的基因关闭现象呈现了表观遗传特征，这不仅发生在抑郁症实验小鼠身上，同时也在已故抑郁症患者的大脑检测中得到了证实。

HDAC 抑制剂的有效性

HDAC 抑制剂或许能用于改善抑郁症。HDAC 抑制剂除了恩替司他（Entinostat，MS-275）之外，还包括丁酸（Butyric Acid）、丙戊酸（Valproic Acid，VPA）、曲古柳菌素 A（TSA）、辛二酰苯胺异羟肟酸（SAHA）和 Trapoxin A 等药物。

丁酸（Butyric Acid）是从黄油中提炼而来，所以其单词也是从拉丁文中表示黄油意思的"Butyrum"变化而来。植物中也富含丁酸，银杏果之所以散发恶臭，就是因为它富含丁酸。众所周知，在向培养的细胞中加入丁酸后，组蛋白即被乙酰化。

简言之，丁酸可以通过从组蛋白中去除 HDAC 的作用，保持组蛋白乙酰化的状态。既然如此，丁酸可以用来治疗抑郁症吗？

看上去似乎不太可能。首先丁酸是非常小的分子，所以会与多种类型的分子发生化学反应。因此，当丁酸进入体内时，即会与细胞中存在的各种类型的分子发生反应，产生各种副作用。所以丁酸作为药物的实用性很低。想用丁酸治疗人类的疾病，还必须去发现或设计仅与特定类型分子反应的 HDAC 抑制剂。

在幼年时遭受过虐待经历的人易患抑郁症

科学家们对各种压力引发抑郁症的因素做了综合性的调查，并得出了令人意外的结果。看似微不足道的小事积累起来也会形成重要的诱因。例如，邻居看见你却不打招呼；新上司脾气暴躁说话句句伤人；有人强迫你当街道管理委员且无法拒绝等。这被称为"社会心理压力"。

所谓"社会心理压力"指在日常生活多会发生的令人不快的事情。单看每件事虽然微不足道，但积累起来后就会变成巨大的压力，之后的某日突然抑郁症就发作了。

此外，流行病学研究 ① 还表明，在幼年时期遭受过虐待的经历，也是抑郁症发病重大的危险因素。据研究报 告说，在幼年时期遭受过欺凌、性虐待、遗弃和其他暴虐（Maltreatment）等经历的人，比没有类似经历的人更容易患抑郁症。

所谓虐待，也可以用"童年不愉快的经历"代称。总之，虐待指人在幼年时期生活在不适合成长的环境中，即生活在"成长环境差"的条件下。流行病学研究表明，"成长环境差"是人成年后患抑郁症的重要风险因素之一。

相同的现象在动物实验中也得到了证实。当实验大鼠在幼时缺乏雌鼠的照顾，则更易患抑郁症（见后文）。人们在成年后患抑郁症的主要原因来自"社会心理压力"，其中具代表性的即幼年时期遭受虐待的经历。

抑郁症患者的皮质醇含量水平高

在遭受虐待的强大压力下，人的大脑会发生怎样的变化呢？在人类或小鼠的实验中得出了几乎相同的变化结果。

---

① 流行病学研究，指调查在某个地区或特定的人群中疾病的发病率，并明确发病主要因素的学问，也是医学研究的基础中的基础。

即从左右两侧肾脏上方的肾上腺持续地释放出大量被称为皮质醇（Cortisol）的甾体激素（Steroid Hormone）。

过剩的皮质醇流动于全身，导致情绪低落和免疫力下降。这使人更容易患抑郁症、感冒和流感等传染病以及癌症。实际上从抑郁症患者的血液和尿液中检测出了高水平的皮质醇。这是已被验证了的结果。

此外，皮质醇还会杀死大脑中的神经细胞，这很好地解释了一旦患了抑郁症，大脑前额叶皮质和海马体的体积就会萎缩的事实。抑郁症也会使海马体萎缩，从而诱发阿尔茨海默病（Dementia in Alzheimer's Disease）。

引起疾病发作的原因是累积下来的压力，这时分子层面的重要物质便是皮质醇。那么皮质醇只有负面的作用吗？绝非如此。由于有皮质醇，我们人类才能每天健康地生活。

皮质醇对人体的影响究竟是好是坏呢？下面让我们来看看在承受压力时人体的反应吧。

保护生命的压力反应

当我们感受到了压力时，大脑便会表现出两种反应。

首先是自主神经系统快速地做出反应，释放出肾上腺素（Adrenaline），使交感神经兴奋起来。具体地讲，当大脑在感受到压力的时候，杏仁核会在百分之一秒内释放出肾上腺素，并通过交感神经刺激肾上腺，将肾上腺素输送到血液中去。

肾上腺素会刺激交感神经兴奋起来，并即时引起生理上的变化。首先是心跳加快，并向大脑和肌肉输送大量血液，吸收了大量氧气的肌肉能够迅速地做出某种动作。此外，随着支气管的扩张，大量的氧气被吸入进肺部，并分布到以大脑和肌肉为中心的部位中去，此时，比往常吸收了更多氧气的大脑变得更清晰、注意力更集中。

当我们处于危险处境中，压力袭来的时候，交感神经便会呈现兴奋的状态。此时会伴随着恐惧感，人们必须做出"是迎战还是逃避"的两种极端性的行为选择。

例如，当你夜晚独自走在路灯昏暗的路上时，有一只熊突然出现在眼前，你即刻便会感到恐惧，必须对是逃跑还是迎战的两种极端行为做出选择，此时交感神经处于兴奋的状态。

保护免受压力"下丘脑 – 脑下垂体 – 肾上腺"轴的功效

大脑对待压力，相对第一次瞬间反应而言，第二次反应较缓慢。这种反应的主角就是皮质醇。

皮质醇由一系列激素流通过激活"下丘脑—脑下垂体—肾上腺"轴（HPA 轴或 HTPA 轴）而释放出来。由于皮质醇需要通过血液流动传递到全身组织，所以这种反应的速度很慢、很耗时。这也是由压力而引发的疾病一般都是慢性病的原因之一。HPA 轴的控制源是掌控记忆的海马体。可见，大脑与压力控制有很深的关系。

那么，让我们来看看 HPA 轴是如何应对压力的（图5-3）。

首先，当大脑接收到来自外界环境的危险信号（压力）时，下丘脑便会释放一种称为 CRH（促肾上腺皮质激素释放激素，Corticotropin-Releasing Hormone）的激素。下丘脑是体温、口渴、空腹感和饱腹感等人类本能欲望的发生源，同时也是大脑在感到危险时为保全生命最优先做出反应的区域。受到 CRH 的影响，脑下垂体便会开始兴奋，并释放出 ACTH（促肾上腺皮质激素），ACTH 进入血流被输送到更远的肾上腺。

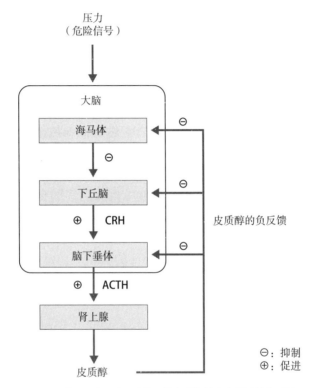

图5-3 "下丘脑—脑下垂体—肾上腺"轴和皮质醇的负反馈

　　如此，当肾上腺受到了刺激后会释放出皮质醇，随之，皮质醇通过血液输送到全身，通过强化大脑和免疫系统的机能来保护我们的生命。这是皮质醇的正面功效。

防止 HPA 轴过度被激活的"负反馈"

可是，如果压力持续过久，原本在保护我们生命的皮质醇就会开始"做坏事"了。这是在"慢性压力"的状态下，HPA 轴过度活化，此时我们的皮质醇总保持着高水平。由于皮质醇的释放，导致本处于良好状态的大脑和免疫系统的机能下降。因此，这样不仅容易导致罹患抑郁症、焦虑症和依赖症，还容易引发心脏病、高血压、胃溃疡、糖尿病和癌症等慢性疾病。

HPA 轴适度地被激活可使我们健康地生活，但如果 HPA 轴过度活化，则会使人容易生病。因此，左右人的健康的根本在于 HPA 轴的活化程度。

而人体有一种在对抗压力时，不用过度激活 HPA，并适度保持皮质醇水平的"智能"机制。这个机制就是"负反馈（Negative Feedback）"。

即肾上腺释放的皮质醇到达人体各部位，进入大脑的海马体、下丘脑和脑下垂体，并通过与存在于各部位的皮质醇受体（正式名称为糖皮质激素受体，Glucocorticoid Receptor，学术论文上多表记为 GR，但本文为区别于 GR

基因，故用 GR 蛋白质来表达）结合，并制动皮质醇的释放，让皮质醇恢复到正常的水平。

对抗压力的海马体

海马体以使用"负反馈"来制动整体 HPA 轴。具体地讲，海马体的 GR 蛋白质与皮质醇结合后，下丘脑便会抑制 CRH 的产生，从而抑制脑下垂体生成 ACTH，并最终抑制皮质醇的生成。所以，防止 HPA 轴过度激活，并保持适度水平的负反馈机制，是一种必不可少的抗压机制。

如果负反馈遇到了障碍的话，又会有怎样的结果呢？首先 HPA 轴的激活制动失灵，造成过度激活状态继续，皮质醇也会持续释放。最终诱发如抑郁症、焦虑症、心脏病、高血压和胃溃疡等诸多生活方式病。身体健康的关键在于负反馈能否正常地发挥作用。

那么，我们主动检测这个机制是否正常运行呢？

负反馈是否在正常地发挥作用

回答是肯定的。我们可以通过"地塞米松抑制试验"（Dex-amethasone Suppression Test，DST）进行检测。地塞米松（DXMS），是糖皮质激素的一种，常被作为消炎药使用。

如果负反馈能够正常地工作，即地塞米松给药后抑制皮质醇的释放量即为正常。通过此项试验得知，如果皮质醇的释放没有受到抑制，则 HPA 轴的负反馈的机能是降低的。

具体的实验方法是在夜间服用地塞米松，次日早上验血，并根据检测的皮质醇的浓度做判断。当以抑郁症患者为对象做"地塞米松抑制试验"的时候，大约一半患者的皮质醇释放是处于没有受到抑制的状态。这说明一半抑郁症患者处于负反馈障碍状态。

此外，在抑郁症患者以及已故抑郁症患者的大脑中，神经肽 Y（Neuropeptide Y）也处于减少状态，这也助长了HPA 轴的过度激活。神经肽 Y 是抑制从下丘脑产生 CRH 机能的一种激素，并能抑制 HPA 轴过度激活。

从这样的试验结果中可知，当负反馈不能正常发挥作用时，HPA 轴将会过度激活，皮质醇过度释放，进而诱发抑郁症。

那么，负反馈障碍是如何引起的呢？

DNA 甲基化使 GR 基因关闭

麦吉尔大学（McGill University）的脑科学家迈克尔·米尼（Michael Meaney）教授和他的研究团队阐明了这一机制，他们在 2004 年发表了一系列以实验大鼠为对象的研究，实验结果震惊了世界。

原来实验大鼠也会发生与人同样的状况。在实验大鼠中有关爱子代鼠的雌鼠，也有不关爱子代的雌鼠。在幼小时期没有得到雌鼠关爱养育（养育环境差）的子代鼠，在长大后出现了抑郁症状，科学家们对其海马体进行检查时显示 GR 蛋白质减少，随后在检查 GR 基因时发现其表达是关闭的。

为了探究 GR 基因到底为什么会被关闭，科学家们还对子代鼠的 GR 基因和启动子做了调查。结果发现在启动子中的 CG 序列的胞嘧啶明显地被甲基化了。

通过进一步的研究，科学家们发现，GR 基因的表达会随养育环境的不同而发生变化。我们先从正常养育的实验大鼠开始说明。

首先，在体内流动着的皮质醇（实验大鼠是皮质酮）

与在海马体细胞中的 GR 蛋白质结合，形成"皮质醇—GR 蛋白质结合体"。这种结合体移动到细胞核内与基因组中 GR 基因的启动子结合。随之，当该结合体作为转录因子发挥作用时，GR 基因即被转录到 mRNA，并充分地合成 GR 蛋白质。因此被正常养育的大鼠，GR 基因表达是开启的［图 5-4（a）］。

母亲深爱孩子有奖赏效应

既然如此，如果说母亲比平时更爱孩子将会怎样呢？

答案是会产生奖赏效应。当雌性大鼠通常更照顾（养育环境好）子代鼠时，一种被称为 NGFI-A（神经生长因子诱导蛋白 A）的转录因子，便会与子代鼠的基因组的启动子相结合，从而进一步提高 GR 基因的表达。因此，当得到充分的母爱时，子代鼠 HPA 轴的负反馈将能更好地发挥作用。

相反，在没有感受到母爱的实验大鼠的海马体中，GR 基因启动子中的 CG 序列的胞嘧啶呈现明显的甲基化现象。由于高甲基化，导致转录因子无法与启动子结合［图 5-4（b）］。因此人体停止了 GR 基因向 mRNA 转录，并关闭了

（a）正常养育的案例

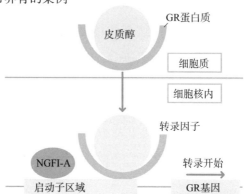

皮质醇与海马体的GR蛋白质结合，形成皮质醇—GR蛋白质结合体。
这种结合体进入核内并与基因组GR基因的启动子区域结合。这种结合
体充当转录因子发挥机能开启GR基因表达。相对而言，当子代进一步
得到关爱时，便会加入称为NGFI-A的转录因子，进一步开启基因表达。

（b）低水准养育的案例

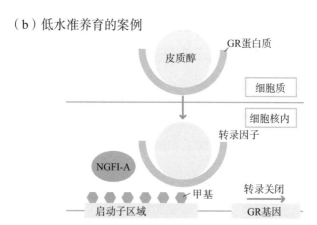

位于GR基因启动子区域的CG序列被高度地甲基化，导致转录因子不能
与启动子区域结合，所以停止了GR基因的转录。GR基因表达关闭。

图 5-4　GR 基因的表达因养育方式而异

基因表达。这使 GR 蛋白质无法合成，HPA 轴的负反馈失灵，HPA 轴过度激活，而且 GR 蛋白质合成减少的状态并不是暂时的，而会持续很长时间。

此外，科学家们还证明了，在未获得母爱的子代实验大鼠的海马体中，GR 基因的启动子的组蛋白乙酰化有降低迹象。除了 DNA 甲基化之外，组蛋白去乙酰化酶也会关闭 GR 基因的表达。

其结果表明，未能获得母爱的子代鼠的 GR 蛋白质合成量减少，负反馈失灵，HPA 轴过度激活。因此导致子代鼠终生对压力的承受力脆弱。

实验大鼠的案例是否也适用于人类呢？据对自杀者的大脑分析报告所示，那些在生前受过虐待的人的海马体中，GR 蛋白质的合成量很低，而且 DNA 被高度甲基化。

无论是动物还是人类，若在幼年时期处于很差的养育环境，DNA 甲基化便会增加，进组蛋白的脱乙酰酶转化速率也会增加。可见，这种由表观遗传导致的抗压能力下降会持续很长时间。

BDNF 能否控制抑郁症

到此为止，本书围绕着在抑郁症由"压力感受性"与"压力"的相互作用下引发的观点进行了阐述。而有人持有与此不同的观点并提出了假说，即抑郁症是由于大脑中的 BDNF（脑源性神经营养因子，brain-derived neurotrophic factor）的减少而引起（图 5-5）。这个假说十分引人深思也很具有探讨性，所以在下文略做介绍。

BDNF 是几个大脑生长因子中最重要的激素，由活跃的神经细胞释放，延伸至相对应神经细胞的突起部分，助长神经细胞间形成突触。

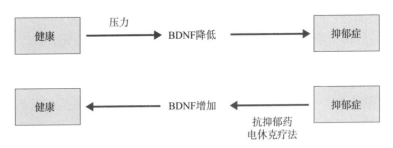

图 5-5 BDNF 假说：认为抑郁症是由大脑中缺乏 BDNF 引起

这一假说有如下四个事实支持。

第一，对动物施加包括限制其活动等各种压力时，在其海马体和大脑皮质（Cerebral Cortex）中的 BDNF 降低。

第二，当检查已故抑郁症患者的大脑时发现，其海马体中的 BDNF 也处于减少的状态，同时抑郁症患者的血液中的 BDNF 也低于正常人。正如前文所述，抑郁症患者的海马体是萎缩的，造成这一现象的原因不仅是皮质醇的释放，还是缺乏 BDNF，导致海马体的神经细胞不能获得充分的生长。

第三，对抑郁症患者和抑郁症实验动物注射或喂食抗抑郁药，或实施改善抑郁症最有效的电休克治疗之后，抑郁症在得到了明显改善，海马体的 BDNF 也随之增加了。

第四，通过使用基因敲除小鼠做实验得知，既没有 BDNF 的存在，抑郁症的状况也没有得到改善。科学家们使用基因工程技术制备了 BDNF 基因机能被关闭且患上抑郁症的小鼠。这种小鼠即便使用了抗抑郁药症状也没有得到改善。

基于以上这四个事实，并从抗抑郁药能增加血清素活动的状况来推测，抗抑郁药通过提高大脑中血清素活动来增加 BDNF，并通过延伸神经细胞的突起部分而起效。此外，在另一项研究中还发现，当施加压力时，释放出的皮质醇也能导致神经细胞的突起部分收缩。

随着此类相同结果的实验陆续成功，人们开始认识到，当抑郁症发病时，大脑的神经细胞的突起部分便会收缩，而服用了抗抑郁药后突起部分得以延伸，病症也就得到了治愈。2012 年，耶鲁大学（Yale University）的罗纳德·杜曼（Ronald Stanton Duman）教授提出了抑郁症是由于 BDNF 减少而引起的假说。抑郁症患者血液中的 BDNF 低于健康人，但在服用抗抑郁药后症状就能够得到改善，同时 BDNF 降低的状态也得到了恢复。这一假说得到了研究报告的支持。

但是很不幸，杜曼教授于 2020 年 2 月 2 日在家附近散步时，因突发心脏病逝世，享年 65 岁。他是一位对抑郁症发病缘由和抗抑郁药治疗研究的先驱者，在压力对大脑的影响方面开辟了研究领域的新天地。并且他留下了 300 多篇专著论文，却在职业生涯的鼎盛时阔然离世。

在抑郁症实验大鼠身上发生的表观遗传

抑郁症是由于大脑中缺乏 BDNF 所引起，而且 BDNF 基因表达受表观遗传控制。对此命题最初的研究，始于美国西奈山伊坎医学院（Icahn School of Medicine at Mount Sinai）的埃里克·J. 内斯特勒（Eric J. Nestler）教授的研究团队。

首先，在上文介绍了用"慢性社交挫败应激"制备患抑郁症的实验大鼠的大脑中缺乏 BDNF。于是科学家们对这只抑郁症大鼠进行电休克治疗，随后抑郁症状得到了改善，海马体中的 BDNF 也增加了。

大脑中的基因究竟发生了怎样的变化呢？通过对 BDNF 基因的启动子的研究，科学家们发现组蛋白有明显的乙酰化迹象。电休克疗法促进了组蛋白的乙酰化，染色质也变成非凝缩型，开启了 BDNF 基因的表达，并合成了大量的 BDNF。

虽然曾有某位读过这份研究报告的脑科学家，希望通过心理治疗获得同样疗效，但是很遗憾目前还没有明确的替代疗法，因为还没有人能开发出与啮齿动物有效沟通的方法。

抗抑郁药会引起表观遗传

在患抑郁症动物的海马体中，BDNF 基因是怎样的状况呢？科学家们使用患抑郁症的实验小鼠做了实验。首先，通过"社交失败压力"制备了抑郁症小鼠，并从这只抑郁症小鼠的海马体中提取了细胞，检查BDNF基因的启动子，发现抑郁症小鼠的组蛋白甲基化程度明显高于正常的小鼠。

组蛋白甲基化具有使染色质处于凝缩状态并关闭基因的功能。由于小鼠受到了欺凌，导致BDNF基因启动子的组蛋白发生了显著的甲基化，造成BDNF基因表达关闭。由此可知，大脑中BDNF的合成的减少会引起发抑郁症。

有一个有趣的发现，当患抑郁症的实验小鼠每天都服用抗抑郁药盐酸丙咪嗪（别名：托弗尼尔），一个月后BDNF的合成便有所增加了，抑郁症的相关症状也得到了改善，而且BDNF基因的启动子组蛋白被显著地乙酰化，组蛋白的乙酰化开启了基因表达。这就是说，当给抑郁症小鼠服用抗抑郁药后，组蛋白即被乙酰化，BDNF基因表达被开启，BDNF的合成量增加了。

此外，组蛋白被显著地乙酰化，这是否是由于服用了盐酸丙咪嗪而降低了组蛋白去乙酰化酶呢？为了查验这一假说，科学家们使用了基因工程技术让组蛋白去乙酰化酶过度表达，结果导致盐酸丙咪嗪的抗抑郁效果完全消失了。于是他们判明了服用盐酸丙咪嗪可大幅度地降低组蛋白去乙酰化酶。

综上所述，遭受欺凌的经历会造成组蛋白的甲基化，并关闭 BDNF 基因的表达，减少 BDNF 的合成，导致患抑郁症。对照起来看，当服用了抗抑郁药后，组蛋白被乙酰化，BDNF 基因表达呈开启状态，BDNF 的合成得到了增加，抑郁症状也得到了改善。

现对图 5-6 做说明。

在"（a）组蛋白甲基化"的模式下，当组蛋白被甲基化的时候，多会出现染色质被凝缩，基因表达处于被关闭的状态。例如，抑郁症小鼠的海马体中 BDNF 基因的表达被关闭。

当"（b）DNA 甲基化"导致基因启动子甲基化时，基因表达被关闭。例如，因幼年时期遭受过虐待经历的子代鼠导致其关闭了 GR 基因的表达。

在"（c）组蛋白乙酰化"的作用下，使基因的启动子乙酰化时，导致组蛋白松散并促进转录，因此组蛋白去乙酰化酶（HDAC）的抑制剂有抗抑郁效果。

在服用了抗抑郁药的几小时后，大脑中的血清素便会增加，但是至少需要几周时间，抗抑郁药才能开始生效。

因此，这也是一个长期未解之谜，我们猜想这也许与表观遗传有所联系。

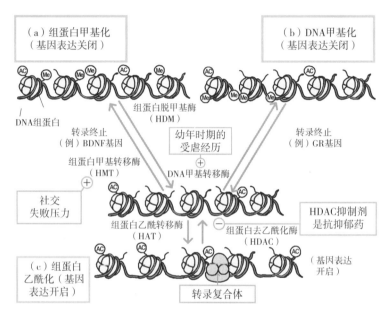

图 5-6 压力和抗抑郁药的效果通过表观遗传显现出来

*＋激活基因表达。－抑制基因表达。

参考资料：V.Krishnan，EJ.Nestler. Nature

通过一系列的研究得以明确的是，服用抗抑郁药能使 BDNF 基因的组蛋白乙酰化，并开启 BDNF 基因的表达，使抑郁症得到改善。但从服用抗抑郁药后到生效的几个星期，是引发表观遗传所必要的时间。

第六章

母亲的养育方式会影响孩子的大脑发育

童年时期的逆境和患慢性病有关

孩童时期的生活环境不仅会影响这个孩子的身体发育，也会左右其成年后是否容易患病。一个孩童时期遭受过性虐待、身体上的虐待或有被父母忽视经历的成年人，罹患精神性疾病的概率很高。

有大量的证据表明，因被虐待或被父母忽视等压力，会导致一个人更易患抑郁症等精神性疾病。被虐待和被忽视会对儿童的大脑和身体造成严重伤害。即使孩子未遭受严重虐待，只要亲子关系疏远、缺少母爱也会增加其成年后患抑郁症或精神性焦躁不安等疾病的风险，而且这种联系已经被证实。

　　因压力导致罹患疾病风险增高的案例，并非局限于精神性的疾病。20 世纪 50 年代，科学家们曾以美国哈佛大学的本科生为对象做了问卷调查，并在 35 年之后，在对已是中年的他们的健康状况进行了一次回访。结果发现与父母的关系冷淡或断绝了亲子关系的人罹患抑郁症、焦虑症和酒精中毒酗酒症，还有心脏病、高血压、胃溃疡和糖尿病等慢性疾病的罹患风险，比与父母关系正常的人高出四倍。在日本以外的其他国家也发表了不少类似观点的论文。

　　日本在这方面的研究现状如何呢？2020 年神户大学特聘教授田守义和的研究团队的调查报告显示，在孩童时期遭受过父母虐待的女性成年后身材肥胖的概率是未受过虐待的女性的 1.6 倍。这是日本首篇表明遭受过虐待的儿童，成年后肥胖概率高的论文。

　　下面介绍一下具体内容。田守义和教授的研究团队，采用问卷调查形式，在日本神户市针对 20~64 岁的男女受访者，共计对 5 425 人采集了数据，并分析了生育经历、家庭状况和经济状态与肥胖的关系。研究结果表明，女性若在孩童时期遭受过父母的暴力，在饮食或穿着方面得不到满足，以及经常受到侮辱和言语伤害的话，成年后的肥胖率会是正常人的 1.6 倍。但这种倾向在男性身上并没有出现，因此结论存疑。

可见，在幼年时感受到的压力，会形成其成年后患慢性病的要因。相对而言，温暖的家庭环境则能够成为抵抗压力的心理弹性（Psychological Resilience）。心理弹性指"即使施加了压力也能反弹复原的能力"。在一个充满了温暖和爱的家庭环境中成长的孩子，更具有抵抗压力的心理弹性，并且不太容易患由压力引起的诸如抑郁症和焦虑症等疾病。

本书虽然在第五章主张抑郁症是在压力感受性和压力的相互作用下引起的，但压力感受性和压力不仅能引发抑郁症，还容易引发心神不安，或罹患依赖症、心脏病和高血压等慢性疾病。如果压力感受性过高的话，一旦感受到了压力，就会增加患慢性病的风险。

因此，健康生活的关键，在于不要过度地增加压力感受性，不过于敏感，适度地保持 HPA 轴的激活状态。HPA 轴过度活化的主要因素之一，就是童年时期承受的压力。

虐待会对孩子的大脑造成伤害

在孩童时期感受到的压力中，最具负面影响的即虐待儿童。当听到了虐待（Maltreatment）这个词时，大多数人首先会联想到身体上的虐待和性虐待，其实这仅是其中的一部分。

譬如，家长即使没有殴打孩子，但吼叫和谩骂也会伤害孩子的身心，或者让孩子看到夫妻间的暴力等，都是一种心理上的虐待。此外，没有很好地保护好孩子也可以算是一种虐待儿童的行为。例如，没有及时地提供食物，或更换尿布，没有好好照顾孩子生活，让孩子独自留守在家，以及只把孩子一人滞留在车内等。

在日本每年有多少虐待儿童的事件发生呢？据日本210 所儿童咨询中心向厚生劳动省提交的 2017 年虐待儿童报告统计得知，当年共发生了 133 778 起虐待儿童事件。其中包含身体的虐待（占 25%）、放弃抚养责任（占 20%）、性虐待（占 1%）和心理上的虐待（占 54%）（图 6-1）。

在虐待者中最多的是儿童的生母，占 46.9%，其次是占 40.7% 的儿童的生父。人们通常认为父亲更容易虐待孩子，但这种看法其实是错误的。

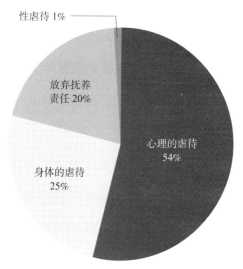

图 6-1　向厚生劳动省提交的 2017 年虐待儿童报告明细（总数达 133 778 件）

　　许多家长可能会认为没打孩子就不是虐待，但是不理会孩子的呼唤或恶语伤人，也会对孩子的大脑发育产生伤害。

　　由于"虐待"这个词的性质很严重，因此有些父母总不愿承认是自己的错。而在英语中将心理虐待、身体虐待、放弃抚养责任和性虐待统称为 maltreatment。虐待是妨碍儿童大脑发育的"毒性压力"。

让我们爱护孩子吧

在幼童时期遭受过伤害的人生会形成初期的压力，这不仅妨碍孩子的大脑发育，还会对其成年后的健康产生负面的影响。这负面的影响中最严重的是在人生的初期感受到的"毒性压力"。

当人在身体上或精神上遭受了伤害后，会在很长一段时间里无法从那种困境中摆脱出来。在孩童时期有这样的心灵创伤的人成年后，即使在没有感受到压力的时候，其HPA 轴也会处于过度活化状态，并且肾上腺持续地释放出大量的皮质醇。

在幼童时期有遭受过虐待经历的成年人，从下丘脑释放出的激素 CRH（促肾上腺皮质激素释放激素）水平，比没有受过虐待的成年人高得多。这是负反馈机能不正常的现象。那么，有没有减轻"毒性压力"的方法呢？

回答是肯定的。

在第五章中我介绍了迈克尔·米尼教授关于负反馈障碍发生构造的研究。他还发布一项以"亲代（父母）的职责与子代（孩子）承受压力"为主题，具有突破性的研究成果，接下来本书将以他的研究项目为中心做详细的解说。

由于实验大鼠的大脑与人类的大脑极为相似，所以在脑科学实验室经常会使用实验大鼠进行研究，这也是迈克尔·米尼教授的实验室制备和饲养着许多实验用子代鼠的缘由。

研究生们经常会取出子代鼠来测量体重或做多项检查等，当把子代鼠放回笼子时，有的雌鼠会马上跑过来舔子代鼠、为子代鼠梳理体毛等，而有的雌鼠则视若无睹、无所作为。

被研究生碰触过的子代鼠在感受到了压力后，会变得焦虑不安，释放出大量的压力激素（Stress Hormones），即皮质酮（Corticosterone）。对此，对人来说则是释放出皮质醇（Cortisol）。然而，当雌鼠舔子代鼠、梳理其体毛时，子代鼠的皮质酮水平就会降下来。如果雌鼠照顾周到，就能减轻子代鼠的焦虑情绪。这是母亲照顾孩子时出现的短期效果。

那么，母亲对孩子的呵护有没有长期效果呢？如果有，那又是怎样的呢？

高 LG 鼠与低 LG 鼠

迄今为止，许多做动物实验的报告是在特殊的条件下对实验大鼠承受压力的研究结果。例如，或是强制让实验大鼠在水中游泳，或是长时间束缚其身体令其不能动弹，又或是让其感受身体威胁施加强烈的压力等。

然而，迈克尔·米尼教授则是在正常条件下关注雌鼠如何照顾子代鼠，把研究的重点，放在从差异中发现对结果的影响。

他首先观察正常的雌鼠的育儿状况。虽然同样是雌鼠，但是有的雌鼠经常用舌头舔自己的孩子，而有的雌鼠不太喜欢那样做。用舌头舔的英语是 Licking，梳理体毛的英语是 Grooming，所以将用舌头梳理子代鼠体毛的次数多的母鼠叫作高 Licking-Grooming（高 LG）鼠，将不常用舌头梳理子代鼠体毛的雌鼠叫作低 Licking-Grooming（低 LG）鼠。如此做了分类。

将此对应于人类的话，高 LG 即相当于经常抚摩和怀抱孩子，对婴儿照顾周到的母亲（高质量养育环境）；低 LG 即相当于很少抚摩和怀抱孩子等，对婴儿照顾得不太好的母亲（低质量养育环境）。

父母关爱孩子会对孩子的性格形成产生怎样的影响呢？要想查明这一点，只要准备得到了母爱的子代鼠和没有得到充分母爱的子代鼠，对两者表现出的好奇反应和恐惧反应等特征做长期观察，并做比较研究即可得知。

这一实验的步骤顺序如下。首先，让高 LG 雌鼠和低 LG 雌鼠分别抚养新生子代鼠 22 天，然后将离开了母亲的子代鼠，与同性兄弟姐妹放在同一笼中饲养。当子代鼠生后 100 天完全成年时，将高 LG 雌鼠的子代鼠与低 LG 雌鼠的子代鼠比较，做观察好奇反应的"敞箱实验"和观察恐惧反应的"摄食实验"。

"敞箱实验"是将一只实验大鼠放入一个直径为 1.6 米的圆形箱子里 5 分钟，让它自由探索并观察它的举动。敏感的实验大鼠不愿远离墙壁，而胆大的实验大鼠则会离开墙壁自由走动去查看四周。此时记录下实验大鼠的探索时间。

另一个"摄食实验"是将一只饥饿状态的子代鼠放入一个新的笼子里进行投喂，放置 10 分钟的时间，观察它什么时候开始进食，以及持续进食的时间有多久。由于子代鼠都处于饥饿的状态，所以推断应该是想尽快开始进食。

然而，焦虑不安情绪强的子代鼠，从进入笼子到开始进食不仅需要更长时间，而且比情绪稳定大胆的子代鼠进食量少。

下面，让我们来看看实验结果吧。

高 LG 鼠对子代鼠的影响

在"敞箱实验"中（表 6-1），低 LG 雌鼠的子代鼠平均在场地中央的时间是 5 秒，到四处查看的时间也是平均 5 秒。然而，高 LG 雌鼠的子代鼠平均停留在场地中央的时间是 35 秒，平均四处查看的时间也是 35 秒。而且，随着雌鼠的 LG 次数越高，其子代鼠到处查看的时间也会增加。由此可见，母亲的 LG 次数与子鼠的到处查看时间之间存在着因果关系。母爱（LG）能延长子代的探索时间，即能提高子代鼠的好奇心。

在"摄食实验"中，高 LG 雌鼠的子代鼠大约犹豫 4 分钟后开始进食持续约 2 分钟。但低 LG 雌鼠的子代鼠则需要观察 9 分钟才开始进食，且进食时间只持续了几秒钟。

母爱能减少子代鼠在进食前犹豫的时间，即减少子代鼠对外界的恐惧心。

表 6-1　高 LG 雌鼠的后代与低 LG 雌鼠的后代的性格比较

（观察不同子代鼠的好奇反应和恐惧反应的实验结果）

项目	低 LG 雌鼠的子代的特征 （低质量养育环境）	高 LG 雌鼠的子代鼠的特征 （高质量养育环境）
敞箱实验	探索时间：5 秒	探索时间：35 秒
摄食实验	9 分钟后开始进食	4 分钟后开始进食
	进食时间：几秒	进食时间：2 分钟左右
迷路实验	不顺利	顺利
社交性和好奇心	低	高
攻击性	高	低
健康·寿命	不健康，短命	健康，长寿

在"敞箱实验"中，将子代鼠置于直径为 1.6m 的圆形箱子中 5 分钟，让它自由探索并观察它的举动。

"摄食实验"是将饥饿状态的子代鼠放入新笼子里喂食，放置 10 分钟时间，观察它什么时候开始进食以及持续进食的时间有多久。

参考资料：C. Caldji，et al. PNAS

　　此外，如果不是在新环境而是在自己熟悉的笼子中，无论是高 LG 雌鼠的子代鼠还是低 LG 雌鼠的子代鼠，均是在 15 秒以内开始进食。这表明开始进食需要时间是被置于新的环境所致。

　　除此之外，科学家们还做了许多其他实验，均得到相同结果，高 LG 雌鼠的子代鼠的成绩优于低 LG 雌鼠的子代鼠。

这些实验表明，高 LG 雌鼠的子代鼠有很强的好奇心、善于交际、对他者的攻击性低，而且有自制力，最重要的是能健康长寿。相对而言，低 LG 雌鼠的子代鼠则好奇心低、不善于社交、攻击性高和缺乏自制力，身体不健康且寿命短。所以让孩子能感受到母亲的照顾，对孩子的影响当然是长期的。也可以说，感受到更多母爱的孩子更健康、更长寿。

雌鼠对子代鼠采取的举动要么是经常舔舐（高 LG），要么是不太舔舐（低 LG），科学家们原本认为这会在随时间的流逝差异减小，但事实并非如此。雌鼠对子代鼠采取不同的抚养举动，在过去几个月成年的子代鼠身上出现了巨大的差异。

结果表明，在雌鼠是否爱子代鼠的细微差别上，随着时间的推移，其影响会增大，并对子代鼠成年后的性格和健康状况均产生极大影响。

子代鼠的性格形成取决于雌鼠的抚养方式

经证实，高 LG 雌鼠的子代鼠（由高 LG 雌鼠养育长大的子代鼠）的焦虑不安情绪较少，自我控制力强。相比之下，低 LG 雌鼠的子代鼠（由低 LG 雌鼠养育长大的子代鼠）更容易出现焦虑不安的情绪且具有攻击性。两者的性格不但截然相反，而且可以发现应激反应的 HPA 轴和大脑也存在着显著的差异。

低 LG 雌鼠的子代鼠的 HPA 轴是处于过度活化状态，使负反馈难以发挥作用，皮质酮水平高。而高 LG 雌鼠的子代鼠的 HPA 轴是适度活化状态，负反馈有效，皮质酮水平也正常。

大脑方面，在低 LG 雌鼠的子代鼠的海马体中，GR 蛋白质的合成量较少。而在高 LG 雌鼠的子代鼠的海马体中，GR 蛋白质的合成量较多。

当 GR 蛋白质的合成量多时，即使皮质酮量少，海马体的细胞也能有效地获取，所以负反馈能有效地发挥作用。因此，高 LG 雌鼠的子代鼠与低 LG 雌鼠的子代鼠相比，不太会对压力有过度的反应，成年后焦虑不安的情绪也较少，不仅自制力强，而且患抑郁症等慢性病的可能性也较小。由此可见，即使是同类实验大鼠，只是因为养育方式的不同，就会造成各自成长后在性格和健康状况上出现很大的差异。只是养育方式不同，就能对子代鼠造成某种巨大的影响，并且这种状态持续很久。鉴于这样的实验结果，我们不得不从表观遗传上寻找原因。

抚养环境的不同与表观遗传

那么，究竟启动了怎样的表观遗传呢？为了回答这个问题，科学家们对 HPA 轴的负反馈的有效性，以及子代鼠的海马体中的 GR 基因的表达做了调查（表 6-2）。他们发现子代鼠在 DNA 甲基化方面出现了变化。

表 6-2　养育环境的不同与表观遗传的变化

项目	低 LG 雌鼠的子代鼠 （低质量养育环境）	高 LG 雌鼠的子代鼠 （高质量养育环境）
GR 基因启动子区域的 DNA 甲基化	○○○	○
GR 基因启动子区域组蛋白的乙酰化	○	○○○
应激下 GR 蛋白质的表达	—	○○○
GR 蛋白质对 HPA 轴的负反馈	—	○○○

养育环境的不同对 GR 基因的表达和 GR 蛋白质对 HPA 轴的负反馈产生了影响。

在高 LG 雌鼠（经常舔舐和关爱子代鼠的父母）养育下成长的子代鼠，与在低 LG 雌鼠（很少舔舐和关爱子代鼠的母鼠）养育下成长的子代鼠相比，在 GR 基因启动子中的甲基有大幅度减少的情况。

从实验大鼠的案例中可以看出，如果雌鼠善于育子的话，DNA 的去甲基化即会有进展，而在雌鼠不善于育子的状态下，则会推进 DNA 的甲基化。

DNA 的甲基化增加，会关闭海马体的 GR 基因的表达，导致缺乏 GR 蛋白质，造成负反馈失效。因此，当实验大鼠感受到了压力的时候，HPA 轴过度地被激活，造成容易出现抑郁和焦虑的状态。

如同实验大鼠的案例，在人类的身上也会发生同样的情形。当下已知，在孩童时期有遭受过虐待的经历、长大后其海马体中 GR 基因的表达会被关闭，导致 HPA 轴过度活化。

此外，科学家们还发现组蛋白修饰也会发生变化。在低 LG 雌鼠的子代鼠的 GR 基因的启动子中，组蛋白乙酰化减少。因此，染色质变成凝缩型，GR 基因的表达被关闭。

在低 LG 雌鼠的子代鼠的海马体中，除了 DNA 甲基化之外，组蛋白修饰也会朝着关闭 GR 基因的表达的方向发展。

组蛋白去乙酰化酶（HDAC）促进组蛋白乙酰化的减少。因此，当将 HDAC 抑制剂曲古抑菌素 A（TSA）注射到低 LG 雌鼠的子代鼠的海马体中时，能使由低养育环境造成的组蛋白乙酰化减少的现象得到恢复，并抑制住 GR 基因表达的减少，使在承受压力时 HPA 轴的负反馈机能也得到恢复。

由此可见，让乙酰基与组蛋白相结合或脱离的组蛋白修饰，决定了 GR 基因的表达状态是开启还是关闭的，并左右着 HPA 轴机能的发挥。

如果雌鼠关爱子代鼠，DNA 去甲基化就会获得进展。这个变化过程是怎样的呢？首先，当雌鼠舔舐和梳理子代鼠体毛时，子代鼠的大脑便会释放出血清素并产生好心情。

现已知道增强血清素作用的物质也能通过服用抗抑郁药获得。当这种血清素与海马体的受体结合时，可使环磷酸腺苷（Cyclic Adenosine Monophosphate，cAMP）以及组蛋白乙酰化酶被激活。最后，DNA 去甲基化酶运作起来并去除甲基，转录因子也与启动子结合在一起。也就是说，GR 基因的表达是通过这一系列过程才被开启的。

实验大鼠出生后第一周很重要

高 LG 雌鼠的子代鼠好奇心强、善于交际、不那么好斗且具有自制力，更重要的是它们往往健康长寿。而低 LG 雌鼠的子代鼠缺乏好奇心、社交能力低、具有很强的攻击性并缺乏自制力。

它们成年后之所以能显现出如此大的差异，这是雌鼠在幼子时期舔舐子代鼠最初的刺激所引起的表观遗传的结果，而且我们需要注意表观遗传发生在子代鼠出生后 7 天内大脑最柔软、最早期的发育阶段。

大脑柔软意味着细胞更容易通过表观遗传改变基因的表达。随着动物年龄的增长，刻入大脑的基因表达模式被固定后就不太容易改变了。所以说子代鼠出生后第一周很重要。

亲代的习惯比遗传更具继承性

米尼教授的研究团队，在观察雌鼠的育儿方式的过程中注意到了下一个问题。爱护幼崽的雌鼠（高 LG 雌鼠）所生的"女儿"成年后，大多会成为同样爱护幼崽的雌鼠。

由此便产生了一个疑问：

高 LG 雌鼠是否会生下性格相同、情感丰富的子代鼠呢？这样的子代鼠成为雌鼠后，是否也会经常给子代鼠舔毛或梳理体毛呢？或者说，舔舐和梳理子代鼠体毛的行为，是否是因养育方式而形成的呢？简言之，这究竟是来自遗传还是抚养的问题？要寻找答案，只要采用交换母与子来抚养的方法，观察子代鼠的性格形成就能够明白了。

首先，将不善于照顾幼崽的雌鼠（低 LG 雌鼠）与刚出生的子代鼠立即分离开来，并转交到高 LG 雌鼠进行抚养。随后科学家们发现，长大后的子代鼠也成了关爱幼崽的雌鼠。并且他们对长成成年雌鼠的实验大鼠的性格做了"敞箱实验"，证实了它有很强的好奇心并善于社交。

相反，将高 LG 雌鼠与其刚生下的子代鼠分离，并转移到低 LG 雌鼠的笼子养育，子代鼠成年后变成了不太照顾幼崽的雌鼠，而且在"敞箱实验"中也证实了它既胆小也不善于社交（图 6-2）。

科学家们使用各种组合进行了实验，但是结果均相同。可见子代鼠的性格形成取决于雌鼠的习惯。

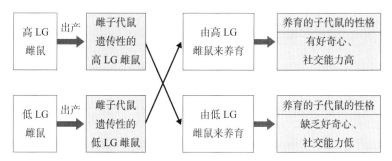

图 6-2　子代鼠的性格形成是来自遗传还是教养的调查实验

方法：亲代交换养育子代鼠，并观察子代鼠的性格形成。

出生后马上就得到雌鼠舔舐或梳理体毛的子代鼠，比没有这种经历的子代鼠更具有好奇心、善于交往以及对环境的适应力强。令人惊讶的是这些都与亲代的雌鼠是否照顾周到（LG 高或低）并无联系，决定子代鼠性格的是母鼠的习性而不是遗传基因。

表观遗传能够复原

在幼年时期雌鼠的养育方式影响子代鼠成年后的性格和健康。这是因为在幼年时期设定下来的基因表达模式长久持续。那么，在雌鼠的养育方式影响下形成的子代鼠性格，是长大后也绝不会再改变的吗？

低 LG 雌鼠的子代鼠（低养育环境）不仅能让海马体

163

中的 GR 基因的启动子出现 DNA 甲基化现象，而且组蛋白
也会被去乙酰化。而高 LG 雌鼠的子代鼠（高养育环境）的
GR 基因的启动子没有出现 DNA 甲基化现象，而且组蛋白
会被乙酰化。

那么，如果去除低 LG 雌鼠的子代鼠去除胞嘧啶的甲
基，或让组蛋白乙酰化后，这只子代鼠会不会变得像高 LG
雌鼠养育的子代那样，既有好奇心又善于社交呢？

于是科学家们便想到了一种名为"曲古柳菌素 A
（Tricho-Statin A，TSA）"的物质。TSA 可以通过干扰组蛋
白去乙酰化酶（HDAC）的作用来促进组蛋白乙酰化，使
染色质形成非凝缩型。而且，据研究报告所述，尽管去甲
基化通常不容易发生，但是将 TSA 投入培养细胞后，便会
发生甲基胞嘧啶的去甲基化现象。

因此，当将 TSA 注射到低 LG 雌鼠养育的子代鼠的大
脑中时，其海马体中 GR 基因的启动子便会使 DNA 去甲基
化，随之这只子代鼠就会有高 LG 雌鼠养育的子代鼠类似
的表现。由于低 LG 雌鼠养育的子代鼠的 GR 基因的表达
被开启，海马体合成许多的 GR 蛋白质，因此它能够转变
为好奇心强且善于社交的实验大鼠。

接下来解释一下（图 6-3）。

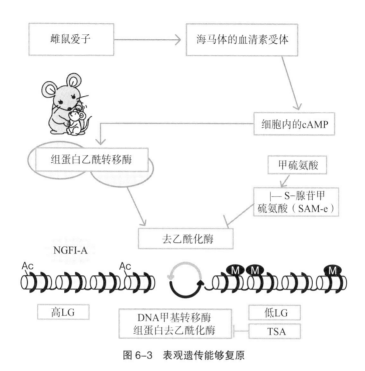

图 6-3　表观遗传能够复原

*|— 表示阻碍。

对于高 LG 雌鼠养育的子代鼠的案例来说，当雌鼠关爱子代鼠的时候，GR 基因低度甲基化，组蛋白则变得高度乙酰化。有母爱的养育，使海马体的血清素受体、环磷酸腺苷和组蛋白乙酰转移酶能够按次序被激活。随之，DNA去甲基化酶也被激活。因 GR 基因低度甲基化，组蛋白高度乙酰化，所以使 GR 基因的表达被开启。但是，如果将甲硫氨酸注射到高 LG 雌鼠养育的子代鼠的大脑后，则会导致去甲基化酶的作用受到抑制，就会呈现出像低 LG 雌鼠养育的子代鼠那样的表现了。

而在低 LG 雌鼠养育的子代鼠的案例中，如果雌鼠不关爱子代鼠的话，则 GR 基因呈现高度甲基化，组蛋白乙酰化程度较低。可是若将 TSA（曲古柳菌素 A）注射到低 LG 雌鼠养育的子代鼠的大脑后，其 DNA 甲基化酶和去乙酰化酶都会受到抑制，子代鼠也能表现得像受 LG 雌鼠养育的"孩子"一样。

表观遗传也可能朝相反方向发挥作用。如果将甲硫氨酸注射到高 LG 雌鼠养育的子代鼠大脑后，它的好奇心和社交能力便会下降，表现得就像低 LG 雌鼠养育的子代鼠那样。对其大脑的检查结果显示，海马体的 GR 基因的启动子呈 DNA 甲基化现象。

这意味着什么呢？首先，注射进大脑的甲硫氨酸与腺苷（Adenosine）结合并转化为 S- 腺苷甲硫氨酸（SAM-e）。这种 S- 腺苷甲硫氨酸能够促进 DNA 甲基化。

如此，通过注射这种药物或营养素，便能够改变表观遗传，让焦虑不安的实验大鼠变得精神更轻松。当然，药物对基因有诸多影响，所以不能完全将母亲抚养所替代。

可见，遗传并不是"白纸黑字"一旦形成就无法改变，而是可以通过改变饮食、教育等因素改变。

对人类来说母亲如何养育孩子很重要

从实验大鼠的实验中得知，雌鼠舔舐子代鼠并为其梳理体毛，就能够为子代鼠减轻压力。那么，这同样适用于人类吗？回答是肯定的。

纽约大学（New York University）的心理学家克兰西·布莱尔（Clancy Blair）教授，对出生不久的 1 200 多名婴儿进行了大规模的追踪实验调查。为了应对外界的压力，儿童的皮质醇水平会上升，所以这些儿童自出生后 7 个月起每年都要接受检测。

调查结果如下。来自家庭内部冷漠暴力，且家人矛盾不断，混乱不堪的环境下生活的孩子，皮质醇水平有上升趋势。但是这种现象仅在母亲不关心孩子，或只是盯着手机不看孩子的眼睛说话，对孩子照顾不周时才会发生。当母亲对孩子照顾周到时，即便环境充满危机，也不会对孩子造成负面影响。

换句话说，优质的养育方式可以减轻逆境对孩子产生的压力，或起到减轻压力伤害的强有力的缓冲作用。很明显，母亲更周全地照顾孩子相当于雌鼠为子鼠舔舐体毛的爱子行为。

养育能使表观遗传恰当地发挥机能

在雌鼠舔舐子代鼠的时候，子代鼠的基因组即被加上了修饰，到了成年后性情平稳。但是，在雌鼠不太舔舐的抚养环境下长大的子代鼠，容易产生焦虑不安或沮丧的情绪。实验大鼠的性格，并非按照刻入基因组中的基因原样表现，而是在根据雌鼠对刚出生的子代鼠行为，通过影响表观基因组影的方式逐步形成的。那么这种模式也适用于人类吗？

一项较新的研究得出了此模式适用于人的结论。人类的孩子不是子代鼠，所以不需要舔舐孩子的身体，而是需要母亲的拥抱，这样做似乎就能够对促进孩子的 DNA 修饰，并且随着岁月的流逝，对孩子的大脑和身体的发育产生积极的影响。

养育方式可以影响 DNA 甲基化。DNA 甲基化的程度，与母亲和婴儿之间抚爱接触量成反比，并且 DNA 甲基化能够关闭基因表达长达多年。

不列颠哥伦比亚大学（University of British Columbia）麦克·科博尔（Michael Kobor）教授的研究团队，与不列颠哥伦比亚儿童医院曾开展过一次共同研究。他们以 94 组健康婴儿和父母为对象，做了对 DNA 甲基化程度的分析报告。

首先，科学家们让父母记录下出生后五周的婴儿的脾气、睡眠和饮食状况，以及母子之间的身体接触时间。当婴儿长到四岁半的时候，从他们的唾液中采集 DNA 做了分析。

从整体上看，在婴儿时期表现内向或很少被母亲抚爱的婴儿，从 DNA 甲基化程度判断其细胞的发育时发现，他们与日历年龄（从出生日计算年龄）相比发育程度迟缓。亲代多接触的子代（高接触组）与少接触的子代（低接触组）相比，没有得到充满了母爱的抚摸的低接触组婴儿发育迟缓。

虽然目前尚不能准确掌握孩子的发育对成年后的健康

会产生怎样的影响，但可以确定的是，亲子的爱抚接触等
单纯的举动，会长期影响孩子的基因表达。

在这项研究中重点关注的基因有四个：即糖皮质激
素受体基因（NR3C1，与压力相关）、μ-阿片受体基因
（OPRM1，与依赖相关）、催产素受体（OXTR，与人际关
系相关）和脑源性神经营养因子（BDNF，使神经细胞成
长并合成突触）。

由于这四个基因对构成人脑的发育和构筑人际关系产
生着极大的影响，因此可推测，只要母亲去爱抚接触婴儿，
婴儿的 DNA 甲基化就会发生变化。但是在实际调查中却
没有发现变化。

然而，对整个基因组做调查时发现，在这 4 个基因以
外的其他基因的甲基化程度发生了显著的变化。将高接触
组与低接触组做比较，发现基因组有五处出现了很大的
差异。

此外，在这五处中有两处的免疫系统与代谢密切相关。
现阶段尚不能明确地说清楚这种表观遗传的差异如何影响
婴儿的发育，但是可以推断，这与过敏、肥胖和传染病存
在着关联。

表观遗传年龄与健康

譬如，某人到了 65 岁，其年龄通常是从出生日起计算的日历年龄，但是与此不同，还有计算细胞衰老程度的生物学年龄。至今许多研究均表明，生物学年龄与 DNA 甲基化之间存在着很强的相关性。因为生物学年龄随着 DNA 甲基化的进展而增高，所以也被称为表观遗传年龄。

麦克·科博尔教授在对显示婴儿表观遗传年龄的 DNA 甲基化做调查时发现，压力感受性敏感的婴儿和与母亲甚少接触的婴儿，其表观遗传年龄低于日历年龄。麦克·科博尔教授指出，可以认为表观遗传年龄低的孩子成长能力也较低。

从对压力过于敏感的孩子中发现的生物学年龄成长的迟缓性，那么对身体健康方面会产生影响吗？如果未来在研究中证实了这一点，那么就应该鼓励人们去多爱抚婴儿。

肌肤接触的效果

哺乳动物多是用舌头舔舐刚生下来的子代的体毛，这被认为是一种交流方式。我们人也与其他哺乳动物一样，怀抱婴儿能够给予宝宝安全感。

此时，亲与子的大脑中释放出的荷尔蒙是催产素，由9个氨基酸组成。因为催产素能加强亲子、恋人、夫妻和朋友之间的关系，所以也有"爱情荷尔蒙"的别名。人们已经发现催产素具有帮助产妇在分娩时收缩子宫，并在分娩后止血的功能。

提到了子宫收缩和分娩，人们便容易认为那只是女性才具有的激素，其实男性也具有这种激素。催产素不仅存在于卵巢，脑下垂体或睾丸也会产生和释放这种激素。男性和女性都具有催产素，但是女性的产生和释放的量更大。

催产素通过与受体结合而发挥作用，这被称为"催产素系统"。催产素受体分布于全身各部位，尤其集中于大脑产生恐惧和感情的杏仁核和产生快感的伏隔核。通过大脑中的催产素系统运作，激活杏仁核和伏隔核，培养情感稳定且喜悦感丰富的婴儿。

通过怀抱婴儿和肌肤接触，婴儿的大脑便能顺利地发育。肌肤接触促使孩子的大脑朝健康方向发育。

催产素不仅可以促进大脑发育和改善人际关系，还能增强免疫系统，使人少生病。

这种重要的激素催产素比较容易释放出来。以色列贡达脑科研究所的露丝·费尔德曼（Ruth Feldman）教授的研究报告称，当母亲与婴儿玩耍时，亲子双方都会释放出催产素。

他以 66 组亲代与出生后 4 至 6 个月的婴儿为对象，在做 15 分钟亲子游戏的前后，分别检测了唾液中的催产素浓度，结果是婴儿的催产素浓度从 10pg/mg 增加到了 12pg/mg，母亲从 16pg/mg 增加到了 20pg/mg（图 6-4）。

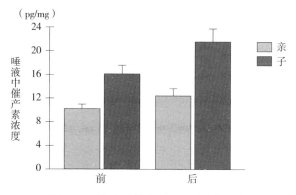

图 6-4　母与子的游戏可促进催产素的释放

在与出生后 4 至 6 个月的婴儿做 15 分钟游戏（玩耍和接触）的前与后，分别检测唾液中的催产素浓度。

参考资料：R. Feldman，et al. Hormones and Behavior

当婴儿实际感受到母爱时大脑便能安定，内心会踏实下来。这时，婴儿的大脑从环境中适当地接受刺激，使神经细胞成长，形成彼此相连的神经回路。这样不仅可以改善大脑的运作，还能够增加对压力的耐受力。所以让我们多去拥抱孩子吧。请你通过牵着幼儿的手一起散步和一起做游戏等方式增加肌肤接触吧。

母亲的举动对孩子的催产素系统有影响

由于催产素系统与大脑的发育、人际关系和免疫系统的机能有着密切的联系性，所以会影响整个人生。那么，母亲的举动是如何影响婴儿的催产素系统发育的？换一种说法，即母亲的举动是如何改变了婴儿催产素系统的表观遗传的？

为回答这个疑问，在此介绍一下美国弗吉尼亚大学（University of Virginia）和马克斯·普朗克教授研究所共同的研究成果。他们将研究的焦点放在了婴儿催产素受体的基因之上。

首先，他们挑选了 101 对母子为调查对象，在婴儿出生后 5 个月的时候，就给婴儿玩具和书，让母子两人自由地游戏 5 分钟，并将这个场景录制成视频。然后，从录制的视频中查看母子之间的互动，例如，母亲跟婴儿说了多少话，婴儿对母亲的话如何做出反应，母与子身体之间是否是近距离以及母与子的眼神对视次数等。

其次，从母亲和出生后 5 个月的婴儿的唾液中提取了 DNA 样本，在大约一年后再次对母亲和 18 个月大的婴儿采集了唾液。

在婴儿到了 18 个月大的时候检测其情绪。检测方法为发给母亲一份调查问卷，让她回答婴儿对在家庭内的大声喧哗、强烈的光线、异味和肌肤接触等刺激（压力）产生的负面情绪。

最后，从唾液的 DNA 样本中检测 OTXR 基因（催产素受体基因）的 DNA 甲基化程度。DNA 甲基化程度越高，OTXR 基因的表达就越低。在两次检测调查（以 5 个月和 18 个月大的婴儿为对象）中，母亲的 OTXR 基因的甲基化完全没有出现改变，然而在婴儿的 DNA 样本中却发现：与以前的数据相比出现了变化。

那些经常与母亲一起做游戏的婴儿的 DNA 甲基化程度较低，但没有受到太多母亲照顾的婴儿的 DNA 甲基化程度较高。这就是说经常能与母亲一起做游戏的婴儿能合成更多的催产素受体。

同时，甲基化程度低的 18 个月大的婴儿，不但积极地做游戏，而且从母亲对问卷的回答中得知，对待压力的负面情绪也较低。

而另一方面，甲基化程度高的 18 个月大的婴儿，不仅负面情绪高，而且对大声喧哗、强光和对肌肤接触也敏感。这说明母亲对子代的养育环境，甚至有可能影响子孙后代的催产素系统及他们日后的行为。

值得引起注意的是，由于这项研究是关注 OTXR 基因的单个基因的变化，所以想立即从这项研究中得出具体的建议还为时过早。即便如此，这一发现也对婴儿和儿童的看护者提供了方法上的指引。

对幼儿而言，与养育者建立良好的关系十分重要。因为在幼儿与养育者建立的关系的影响下，幼儿体内的催产素系统机能或许会终生影响其与他人之间的互动能力（图 6-5）。

这项研究明确地揭示了人生初期的亲子经历，会通过表观遗传构成塑造孩子成长轨迹。

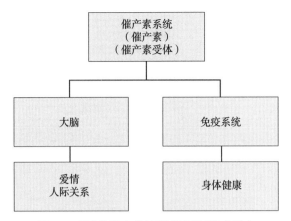

图 6-5　母亲的举动对孩子的催产素系统有影响

专业用语索引

人体组织和器官组织

蛋白质（Protein）

血清素（Serotonin，5- 羟色胺）

氨基酸（Amino acid）

DNA 复制（DNA replication）

DNA 甲基化（DNA methylation）

遗传密码（Genetic code）

核酸序列（DNA 序列，Nucleic acid sequence）

核酸（Nucleic acid）

脱氧核糖核酸（Deoxyribonucleic acid，DNA）

信使 RNA（Messenger RNA，mRNA）

甲基（Methyl group）

基因组（Genome）

腺嘌呤（Adenine，A，旧称维生素 B4）

鸟嘌呤（Guanine，G，又称鸟粪嘌呤，）

胞嘧啶（Cytosine，C）

胸腺嘧啶（Thymine，T）

表观基因组（Epigenome）

甜菜碱（Bbetaine）

边缘系统（Limbic system）

奖赏系统（Eeward system）

胆碱（Choline）

保健品，健康型营养品（Health supplement）

双酚 A（Bisphenol-A，BPA）

聚碳酸酯（Polycarbonate）

启动子（Promoter）

精氨酸（Arginine）

甘氨酸（Glycine）

赖氨酸（Lysine）

色氨酸（Tryptophan）

甲硫氨酸（Methionine）

丙氨酸（Alanine）

胰岛素（Insulin）

生长激素（Growth hormone）

脱氧核糖（Deoxyribose）

核糖（Ribose）

核糖体（Ribosome）

细菌（Bacteria）

蓝细菌（Cyanobacteria）

衣原体（Chlamydia）

RNA 聚合酶（RNA polymerase）

外显子（Exon）

内含子（Intron）

剪接（Splicing）

碱基对（Base pair）

前脑啡黑细胞促素皮促素（Pro-opiomelanocortin，POMC）

促肾上腺皮质激素（Adrenocorticotropic hormone，ACTH）

黑色素（Melanin）

染色质（Chromatin）

核小体（Nucleosome）

组蛋白（Histone）

密码子（Codon）

组蛋白八聚体（Histone octamer）

连接 DNA（Linker DNA）

磷酸（Phosphoric acid）

常染色质（Euchromatin）

异染色质（Heterochromatin）

乙酰化（Acetylation）

乙酰基（Acetyl）

乙酸（Acetic acid）

人心肌细胞（Human cardiac myocytes，HCM）

泛素（Ubiquitin）

组蛋白乙酰转移酶（Histone acetyltransferase，HAT）

组蛋白去乙酰化酶（Histone deacetylase，HDAC）

组蛋白甲基转移酶（Histone methyltransferase，HMT）

组蛋白去甲基化酶（Histone demethylase，HDM）

5- 甲基胞嘧啶（5-methylcytosine）

CpG 岛（CpG islands）

肾上腺素（Adrenaline）

多巴胺（Dopamine）

突触（Synapse）

下丘脑（Hypothalamus）

伏隔核（Nucleus accumbens，NAcc）

腹侧被盖区（Ventral tegmental area，VTA）

杏仁核（Amygdala）

额叶（Frontal lobe）

前额叶皮质（Prefrontal cortex，PFC）

额区（Frontal area）

脑下垂体（Pituitary gland）

海马体（Hippocampus）

去甲肾上腺素（Norepinephrine）

苯丙胺（Amphetamine）

甲基苯丙胺（Methamphetamine）

脑源性神经营养因子（Brain-derived neurotrophic factor，BDNF）

皮质醇（Cortisol）

甾体激素（Steroid hormone）

单胺类神经递质（Monoamine neurotransmitter）

丙咪嗪（Imipramine）

促肾上腺皮质激素释放激素（Corticotropin-releasing hormone，CRH）

肾上腺（Adrenal gland）

糖皮质激素受体（Glucocorticoid receptor，GR 或 GCR）

地塞米松（Dexamethasone，DXMS）

神经肽 Y（Neuropeptide Y，NPY）

皮质醇—GR 蛋白质结合体

大脑皮质（Cerebral cortex）

DNA 甲基转移酶（DNA methyltransferase）

压力激素（Stress hormones）

皮质酮（Corticosterone）

环磷酸腺苷（Cyclic adenosine monophosphate，cAMP）

曲古柳菌素 A（Trichostatin A，TSA）

S–腺苷甲硫氨酸（SAM-e）

腺苷（Adenosine）

μ–阿片受体基因（μ–opioid receptor，OPRM1）

催产素受体（Oxytocin receptor，OXTR）

下丘脑—脑下垂体—肾上腺（HPA 轴或压力轴）

真核细胞（Eucaryotic cell）

研究实验和相关理论

基因表达（Gene expression）

心理弹性（Psychological resilience）

刺豚鼠（Agouti）

黄色刺豚鼠（Agouti viable yellow）

刺豚鼠基因（Agouti 基因）

实验大鼠（Rattus norvegicus）

实验小鼠（Laboratory mouse）

基因敲除小鼠（Kknockout mouse）

胎儿编程（Fetal programming）

碳（Carbon，C）

氢（Hydrogen，H）

联想学习（Federated learning）

地塞米松抑制试验（Dexamethasone suppression test，DST）

敞箱实验（Open field test）

巴克假说（Barker hypothesis）

一个基因一种酶的假说（One gene–one enzyme hypothesis）

一个基因一种蛋白质的假说

单胺假说（Monoamine hypothesis）

血清素假说（Serotonin hypothesis）

负反馈（Negative feedback）

表观遗传（Epigenetics）

表观遗传年龄

虐待（Maltreatment）

家庭暴力（Domestic violence，DV）

荷兰冬日饥荒事件（Dutch Hunger Winter）

巴甫洛夫的狗（Pavlov's dog）

社交失败压力（Chronic social defeat stress，CSDS）

电休克疗法（Electroconvulsive therapy，ECT）

药品和病症

氟西汀（Fuoxetine）

恩替司他（Entinostat，MS-275）

丁酸（Butyric acid）

丙戊酸（Valproic acid，VPA）

曲古抑菌素 A（Trichostatin A，TSA）

辛二酰苯胺异羟肟酸（SAHA）

阿尔茨海默病性痴呆（Dementia in alzheimer's disease）

食物依赖症（Food addiction）

药物依赖症（Drug addiction）

三环类抗抑郁症药（Tricyclic antidepressants）

戒断症状

兴奋剂（Upper）

镇静剂（Downer）

大麻（Marijuana）

亚硝酸酯（Nitrite）

麻黄（Ephedra）

海外大学和研究机构

不列颠哥伦比亚大学（University of British Columbia）

密西根大学（University of Michigan）

亚拉巴马大学（University of Alabama）

宾夕法尼亚大学（University of Pennsylvania）

塔夫茨大学（Tufts University）

麦吉尔大学（McGill University）

洛克菲勒大学（Rockefeller University）

西奈山伊坎医学院（Icahn School of Medicine at Mount Sinai）

哥伦比亚大学（Columbia University in the City of New York）

莱顿大学（荷兰语：Universiteit Leiden）

杜克大学（Duke University）

耶鲁大学（Yale University）

哈佛大学（Harvard University）

纽约大学（New York University）

弗吉尼亚大学（University of Virginia）

加利福尼亚大学（University of California）

斯克里普斯研究所（The Scripps Research Institute）

人名

查尔斯·戴维·阿利斯（Charles David Allis）

费阿·瓦索拉（Fair Vasorer）

詹姆斯·奥尔兹（James Olds）

保罗·肯尼（Paul Kenny）

迈克尔·科伯（Michael Kobor）

马斌·撒萨尔（Mervyn Susser）

齐娜·史丹（Zena Stein）

兰迪·加特尔（Randy Jirtle）

保罗·约翰逊（Paul Johnson）

田守义和（Yoshikazu Tamori）

杰米理·戴（Jeremy Day）

爱德华·劳里·塔特姆（Edward Lawrie Tatum）

罗纳德·杜曼（Ronald Stanton Duman）

艾瑞克·内斯勒（Eric J.Nestler）

大卫·巴克（David Barker）

罗伯特·皮尔斯（Robert Pierce）

乔治·韦尔斯·比德尔（George Wells Beadle）

露丝·费尔德曼（Ruth Feldman）

张锋（Feng Zhang）

克兰西·布莱尔（Clancy Blair）

巴士·海蒂蔓斯（Bas Heijmans）

作者主要关于生活科学的日文版著作

①『脳地図を書き換える』東洋経済新報社

②『心の病は食事で治す』PHP 新書

③『食べ物を変えれば脳が変わる』PHP 新書

④『青魚を食べれば病気にならない』PHP 新書

⑤『脳がめざめる食事』文春文庫

⑥『脳は食事でよみがえる』サイエンス・アイ新書

⑦『よみがえる脳』サイエンス・アイ新書

⑧『脳と心を支配する物質』サイエンス・アイ新書

⑨『がんと DNA のひみつ』サイエンス・アイ新書

⑩『脳にいいこと、悪いこと』サイエンス・アイ新書

⑪『がん治療の最前線』サイエンス・アイ新書

⑫『子どもの頭脳を育てる食事』角川 one テーマ 21

⑬『砂糖をやめればうつにならない』角川 one テーマ 21

⑭『ボケずに健康長寿を楽しむコツ60』角川 one テーマ21

⑮『とことんやさしいヒト遺伝子のしくみ』サイエンス・アイ新書

⑯『日本人だけが信じる間違いだらけの健康常識』角川 one テーマ21

⑰『よくわかる！脳にいい食、悪い食』PHP 研究所

⑱『栄養素のチカラ』(監訳)、らべるびぃ

⑲『日々のちょっとした工夫で認知症はグングンよくなる！』(監修)、平原社

注　释

第一章　仅用 DNA 序列并不能诠释人生

1. GP. Ravelli, ZA. Stein, and MW. Susser. Obesity in young men after famine exposure in utero and early infancy. N Engl J Med, 295 : 349–353, 1976.

2. DJ. Barker, PD. Winter, C. Osmond, et al. Weight in infancy and death from ischemic heart disease. Lancet, 2 : 577–580, 1989.

3. P. Ekamper, et al. Independent and additive association of prenatal famine exposure and intermediary life conditions with adult mortality between age 18–63 years. Social Science & Medicine, 119 : 232–239, 2014.

4. EW. Tobi, et al. DNADNADNA methylation as a

mediator of the association between prenatal adversity and risk factors for metabolic disease in adulthood. Science Advances, 4（1）, 31 Jan 2018.

5. RA. Waterland, RL. Jirtle. Transposable Elements : Targets for Early Nutritional Effects on Epigenetic Gene Regulation. Mol Cell Biol, 23（15）: 5 293–5 300, 2003.

6. DC.Dolinoy, et al. Maternal nutrient supplementation counteracts bisphenol A–induced DNADNADNA hypo- methylation in early development. PNAS, 104（32）: 13 056–13 061, 2007.

第四章　从药物依赖症和食物依赖症的角度探讨表观遗传

1. J. Olds, P. Milner. Positive reinforcement produced by electrical stimulation of septal area and other regions of rat brain. Journal of Comparative and Physiological Psychology, 47（6）: 419–427, 1954.

2. AT. McLellan, et al. Drug Dependence, a Chronic Medical Illness : Implications for Treatment, Insurance,

and Outcomes Evaluation. JAMA, 284：1 689–1 695, 2000.

3. 日本财团法人麻药·兴奋剂预防吸毒中心:《预防吸毒基础、调查统计数据》, http://www.dapc.or.jp/kiso/31_ stats. html。

4. F. Vassoler, et al. Epigenetic Inheritance of a Cocaine–re-sistance Phenotype. Nat Neurosci, 16（1）：42–47, Jan 2013.

5. JJ. Day, et al. DNA methylation regulates associative reward learning. Nat Neurosci, 16（10）：1 445–1 452, 2013.

6. PM. Johnson, PJ. Kenny. Dopamine D2 receptors in addiction–like reward dysfunction and compulsive eating in obese rats. Nat Neurosci, 13：635–641, 2010.

7. SB. Flagel, et al. Genetic background and epigenetic modifications in the core of the nucleus accumbens predict addiction–like behavior in a rat model. PNAS, 17 May 2016.

第五章　表观遗传与抑郁症

1. https://www.nimh.nih.gov/health/statistics/major - depression.shtml.

2. 厚生労働省　知ることから始めよう　みんなのメンタルヘルス https://www.mhlw.go.jp/kokoro/speciality/data. html。

3. 同 2。

4. A. Bifulco, et al. Early sexual abuse and clinical depression in adult life. The British Journal of Psychiatry, 159 : 115-122, 1991.

5. K. Erabi, et al. Neonatal isolation changes the expression of IGF-IR and IGFBP-2 in the hippocam-pus in response to adulthood restraint stress. International Journal of Neuropsychopharmacology, 10 (3): 369-381, 2007.

6. PO. McGowan, et al. Epigenetic regulation of the glucocorticoid receptor in human brain associates with childhood abuse. Nat Neurosci, 12 : 342-348, 2009.

7. RS. Duman, L. Nanxin. A neurotrophic hypothesis of depression : role of synaptogenesis in the actions of

NMDA receptor antagonists. Philos Trans R Soc Lond B Biol Sci：2 475–2 484，2012.

8. A. Brunoni，et al. A systematic review and meta–analysis of clinical studies on major depression and BDNF levels：implications for the role of neuroplasticity in depression. Int J Neuropsychophar–macology，11：1 169–1 180，2008.

9. NM. Tsankova，et al. Histone modifications at gene promoter regions in rat hippocampus after acute and chronic electroconvulsive seizures. J Neuroscience，24：5 603–5 610，2004.

10. NM. Tsankova，et al. Sustained hippocampal chromatin regulation in a mouse model of depression and antidepressant action. Nat Neurosci：519–525，2006.

第六章　母亲的养育方式会影响孩子的大脑

1. LG. Russek，GE. Schwartz. Perceptions of parental caring predict health status in midlife：A 35–year follow–up of The Harvard Mastery of Stress Study. Psychosomatic

medicine, 59（2）：144–149, 1997.

2. S. Asahara, et al. Sex difference in the association of obesity with personal or social background among urban residents in Japan. PLOS ONE, 25 Nov 2020.

3. 日本儿童咨询中心 2017 年度应接儿童虐待咨询案件数据（速报数据），https://www.mhlw.go.jp/content/1190 1000/000348313.pd。

4. C. Caldij, et al. Maternal care during infancy regulates the development of neural systems mediating the expression of fearfulness in the rat. PNAS, 95（9）：5 335–5 340, 28 Apr 1998.

5. C. Caldji, et al. Maternal care during infancy regulates the development of neural systems mediating the expression of fearfulness in the rat. PNAS, 95（9）：5 335–5 340, 28 Apr 1998.

6. D. Francis, et al. Nongenomic Transmission Across Generations of Maternal Behavior and Stress Responses in the Rat. Science, Vol.286, Issue 5442：1 155–1 158, 5 Nov 1999.

7. C. Blair，et al. Cumulative effects of early poverty on cortisol in young children：moderation by autonomic nervous system activity. Psychoneuroendocrinology，38（11）：2 666–2 675，Nov 2013.

8. SR. Moore，et al. Epigenetic correlates of neonatal contact in humans. Development and Psychopathology，29（5）：1 517–1 538，2017.

9. R. Feldman，et al. The cross–generation transmission of oxytocin in humans. Hormones and Behavior，58：669–676，2010.

10. KM. Krol，et al. Epigenetic dynamics in infancy and the impact of maternal engagement. Science Advances，5（10），16 Oct 2019.